실험 리스크 예방 실천 지식!

화학 실험 현장의 안전 공학

유일형, 니시야마 유타카 지음

오승호 옮김

 성안당

실험 리스크 예방 실천 지식!

화학 실험 현장의 안전 공학

KAGAKU-KEI NO TAMENO ANZEN KOGAKU written and edited by Yutaka Nishiyama, Ilhyong Ryu

Copyright ⓒ Yutaka Nishiyama, Ilhyong Ryu 2017

All rights reserved.

Original Japanese edition published by Kagaku-Dojin Publishing Company, Inc., Kyoto.

This Korean language edition is published by arrangement with Kagaku-Dojin Publishing Company, Inc., Kyoto in care of Tuttle-Mori Agency, Inc., Tokyo through Imprima Korea Agency, Seoul.

Korean translation copyright ⓒ 2019 by Sung An Dang, Inc.

이 책의 한국어판 출판권은

Tuttle-Mori Agency, Inc., Tokyo와 Imprima Korea Agency를 통해 Kagaku-Dojin Publishing Company, Inc.와의 독점계약으로 BM (주)도서출판 성안당 에 있습니다.

저작권법에 의해 한국 내에서 보호를 받는 저작물이므로 무단전재와 무단복제를 금합니다.

화학 관련 실험에서는 다양한 화학물질을 사용한다. 화학물질의 성질에 따라서는 폭발, 화재의 위험뿐 아니라 생명과도 직결되는 건강상의 피해를 입는 위험도 수반한다. 사고는 그 위험성을 인식하고 있는 경우는 물론 위험을 알고 있으면서도 자칫 방심하면 사고로 이어진다.

사고가 일어나면 실험 당사자가 상처를 입는 것에 그치지 않고 주의 사람까지 피해를 입는 경우도 있다.

화학 실험을 안전하게 수행하려면 이용하는 화학물질이 어떠한 위험성을 갖고 있는지에 대해 실험 전에 올바른 지식을 쌓을 필요가 있다.

화학 실험실에서는 고압가스를 취급할 기회가 자주 있으며, 따라서 고압가스를 안전하게 취급하려면 가스의 성질을 비롯해 가스 봄베와 감압 조정 밸브의 구조부터 이해해야 한다. 화학 실험실에서는 화학물질뿐 아니라 전기로 움직이는 다양한 측정기기를 일상적으로 사용하고, 그중에는 X선이나 레이저 광과 같이 취급에 세심한 주의를 기울여야 하는 기기도 포함된다.

또, 실험 후에는 다양한 화학 폐기물이 생기므로 폐기법에 관해서도 충분한 지식을 갖고 있어야 한다. 이 책에서는 화학 실험실에서 예상되는 다양한 위험을 예방하고 사고 없는 안전한 실험을 위해 필요한 지식에 대해 각각의 항목으로 나누어 쉽게 설명했다. 인간의 안전을 담보로 하면서까지 할 필요가 있는 연구는 기본적으로 없다. 그 때문에도 안전을 위해 필요한 지식을 확실히 익히기 바란다. 그리고 가능한 한 안전한 환경에서 연구에 임하도록 한다. 본서가 학생이나 연구자들이 안전하게 실험을 수행하는 데 도움이 된다면 더할 나위없는 기쁨이다.

덧붙여 본서는 전 오사카 대학 교수인 나무라 고이치로 선생님이 이끄는 간사이 대학 공학부, 화학생명공학부의 안전 공학 강의에서 오랜 세월 이용된 선생님의 강의 자료가 학생들에게 호평을 얻고 있어 허가를 얻어 재편집과 함께 가필했다.

출판을 흔쾌히 허락해 주신 나무라 선생님에게 진심으로 감사드린다. 또 출판에 즈음해 힘써 주신 화학동인 편집부의 가코이 아야코 씨에게도 감사의 마음을 전한다.

2017년 한여름

저자를 대표해 **니시야마 유타카**

차례

※ 본 도서는 일본어 번역서로 본문의 법과 사례 등은 국내 실정과 다를 수 있음을 알려드립니다.
　자세한 내용은 국내법을 참조하기 바랍니다.

0장 안전을 배우는 의의 –위험천만 화학 실험실

● 실험실 선배로서 여러분에게

누구나 안전한 화학 실험을 하기를 바랍니다. 그렇다고 생각만으로 안전은 지켜질 수 있는 것이 아닙니다. 지식과 행동 그리고 높은 윤리관이 필요합니다. 의무 교육을 받은 사람이라면 염산과 수산화나트륨 수용액을 이용하는 중화반응을 모르는 사람은 없을 것입니다.

중화반응 실험은 늘 위험이 따릅니다. 왜냐하면 강염기를 취급하기 때문입니다. 우리의 피부는 단백질로 되어 있습니다. 단백질은 산에는 비교적 강하지만 염기에는 약하여 실제로 수산화나트륨 수용액이 손에 닿으면 피부가 손상되는 것을 경험한 사람도 있을 것입니다. 이것은 수산화물 이온이 펩티드 결합된 카르보닐기에 구핵 공격을 해서 일어나는 화학반응에 기인하는 것입니다. 따라서 수산화나트륨 수용액의 액체 방울이 눈에 들어가면 각막의 단백질이 손상될 수 있습니다.

나만 조심하면 그런 사고는 절대 일어나지 않을 거라고 생각한다면 큰 착각입니다. 자신만 조심한다고 해서 안전하다고는 할 수 없으며, 사고에 휘말릴 가능성이 있는 것은 일상적으로 일어나는 교통사고를 보면 쉽게 상상할 수 있습니다. 언제든 옆자리의 실험자로부터 수산화나트륨 액체 방울이 날아오지 않을 거라고 단언할 수 없습니다.

안전하게 실험을 하기 위한 첫걸음은 안전 보호 안경을 쓰는 것입니다. 중학교 중화 실험부터 보호 안경을 쓰는 습관을 들이면 좋겠다고 항상 생각하고 있습니다. 물론 대학의 화학실험에서 안경 착용은 필수 사항입니다. 요즘은 안경을 착용하지 않으면 실험실 출입을 금지하고 있는 곳도 많이 있습니다.

촉매적 부제 산화반응 연구 성과로 2001년에 노벨 화학상을 수상한 K. B.

Sharpless 교수는 자신의 한쪽 눈이 의안이라고 공개했습니다. 자신이 의안이라는 것을 공개한 이유는 젊은 연구자들이 자신과 같은 사고를 입지 않았으면 하는 바람에서라고 합니다. Sharpless 교수가 젊은 시절 MIT에 부임했을 당시 한쪽 눈을 실명했는데, 원인은 액체 질소로 냉각한 NMR 측정관을 집어들어 들여다보려고 했기 때문이었습니다.

 액체 질소보다 비점이 조금 높은 산소가 관 안에서 액화 응결해 있다가 눈에 갖다댄 순간 온도가 상승, 기체가 된 산소가 압력이 되어 유리 측정관이 파열했습니다. 마침 옷을 갈아 입고 돌아가기 직전이었으므로 실험용 안경을 벗은 뒤에 일어난 사고였습니다. 실험실에서는 반드시 안경을 착용하라고 학생들에게 말하는 Sharpless 교수의 말에는 무게감이 있습니다(https : //ehs.mit.eduJsite/content/pro-sharpless-eye accident-report).

 교훈 실험을 할 때는 반드시 안전 보호 안경을 쓴다

 실험을 안전하게 행하려면 취급하는 물질에 대한 기본지식과 조작에 대한 기본지식이 모두 필요합니다. 이의 중요성을 실감케 하는 경험 사례를 몇 가지 소개합니다. 연구실에 찾아온 4학년 학생이 상압 증류를 하다가 한 눈을 판 사이 증류 장치에 꽂아 둔 온도계가 없어졌다고 말했습니다. 바로 짐작 가는 부분이 있어 마루를 찾아 보라고 했습니다. 아니나 다를까 갈라진 온도계가 마루에 있었습니다. 그 학생은 밀폐계에서 증류를 하고 있었습니다. 따라서 내부압이 늘어나 온도계가 로켓이 되어 천장에 부딪혀 파손했습니다(실제 본 것은 아닙니다만).

 밀폐계에서 증류는 꼭 필요하지만 연구실 경험이 짧은 학생은 상상도 하지 못할 여

러 가지 사고가 일어납니다. 한번은 한 학생이 실험 후에 개수대에서 씻은 유리 기구를 건조기에서 건조시키려고 하다가 수은 온도계도 함께 들어가 버렸습니다. 당연히 온도 계는 건조기 안에서 온도가 상승하여 갈라졌고 건조기 내부가 수은으로 오염되어 버렸 습니다. 수은을 가열하면 맹독의 수은 증기가 나오기 때문에 주위 실험자에게 2차 재해 가 의심되었습니다.

교훈 초보자는 경험자에게 확인을 받아야 한다

유럽이나 미국만큼은 아니지만 그나마 드래프트 챔버(흄후드)가 많이 보급되어 있습 니다. 드래프트 챔버에서는 배기 상태로 실험을 하기 때문에 위험한 약품을 흡입할 위 험이 크게 줄어듭니다. 그런데 배기는 기류의 흐름을 수반하기 때문에 공기의 공급, 즉 공기 공급이 있어야 비로소 성립합니다. 만약 방이 감압되어 있으면 공급이 부족하다 는 신호이므로 충분히 공기를 공급해야 합니다.

실험실을 순회하다가 늘 놀라는 것은 드래프트 챔버가 열린 채 개방되어 있는 사례 가 많다는 것입니다. 열고 닫는 것이 실험 조작상 귀찮은 것은 알지만, 열린 채 두면 충 분한 배기 상태를 유지할 수가 없고 드래프트 챔버의 강화유리가 비상시에 방어벽의 역할도 할 수 없습니다. 귀찮아도 드래프트 후드를 수시로 닫도록 합시다.

교훈 드래프트 후드를 닫는 것을 습관화한다.

　방금 전의 온도계에 관한 사례는 4학년 학생의 단순한 실수에 의한 사고입니다만 좀 더 복잡한 요소로 인해 사고가 난 사례를 소개합니다. 대학 4학년이었을 때 대학원 선배의 플라스크 파열 사고를 목격했습니다. 연말을 맞아 대청소를 할 때였습니다. 선배가 오래 방치되어 있던 낡은 유리병을 찾아냈습니다.

　액체 부분은 없고 흰 고형물이 건고(乾固)한 상태였습니다. 건조제로 사용하는 염화칼슘일거라고 생각한 선배는 유리병을 개수대에 가지고 가 수도꼭지를 틀어 물을 넣자마자 '펑'하는 소리와 함께 유리병이 깨져 오른쪽 눈 아래에 상처를 입었습니다. 선배는 언제나 안경을 쓰고 실험을 했지만 대청소를 한 그 날은 쓰지 않은 탓에 자칫하면 큰 사고로 이어질 뻔 했습니다. 선배는 오른쪽 빰의 상처보다 왼쪽 눈이 아프다고 호소했습니다. 급격한 풍압을 받았기 때문이었습니다. 다행히 반년 만에 선배의 시력은 원래대로 돌아왔습니다.

　사실 유리병에는 금속 나트륨이 장기간 보관되고 있었습니다. 때문에 표면은 수산화나트륨의 흰 고체가 되었어도 내부에 금속 나트륨이 아직 남아 있었던 것입니다. 용매를 건조하기 위해 금속 나트륨을 오래 방치했던 것 같습니다. 적어도 병에 내용물이 표기되어 있었다면 사고를 막을 수 있었다고 생각합니다. 다른 사람도 알 수 있도록 정보를 표시하는 것도 안전을 지키는 중요한 윤리라는 생각이 듭니다.

교훈　기록을 남겨 다른 사람과 소통한다.

교훈　정보의 공유를 항상 의식한다.

　예와 같이 리튬이나 나트륨 등의 알칼리 금속을 사용할 때는 특별히 조심하지 않으면 안 됩니다만, 알칼리 금속 이외의 다른 금속도 마찬가지입니다. 마그네슘편이나 분말은 언뜻 공기 중에서 안정된 느낌이 듭니다. 시약 단위로 시판되고 있는 이들 금속의 표면이 산화 피막으로 감싸져 있기 때문입니다. 반응 후에 잔존한 금속 표면은 산화되지 않아 활성이 매우 높은 상태에 있습니다. 실수로 쓰레기통에 버리면 금세 화재로 번집니다. 따라서 산으로 충분히 처리하고 폐기해야 합니다.

일단 불이 나면 놀라서 냉정하고 적절한 행동을 취하기 어렵습니다. 그럴 때는 제3자가 소화하는 편이 냉정하고 침착한 행동을 취할 수 있습니다. 당황하면 해서는 안 되는 물을 끼얹어 화재를 더 키우는 일도 있습니다. 혼자서 실험하는 것을 금하고 있는 이유는 만일의 경우에 대응이 곤란하기 때문입니다.

교훈 혼자서 실험하지 않는다.

다음으로 대학원생이라면 익숙할 법한 원료 합성 실험에서 폭발 사고가 난 사례를 소개합니다. '펑'하는 소리와 함께 실험대 위의 300mL 3구 플라스크가 흔적도 없이 날아갔습니다. 실험자는 유기리튬을 이용한 원료 합성 실험을 평소 불활성 가스인 질소 분위기하에서 행했지만 질소 봄베가 비어 바꿔야 할 필요를 느꼈습니다.

점심 시간이어서 부탁할 사람이 없었기 때문에 처음으로 직접 바꾸었지만, 나중에 알고 보니 회색의 질소 봄베가 아니라 검은색의 산소 봄베가 설치되어 있었습니다. 그 학생은 질소 분위기하의 실험을 산소 분위기하라는 새로운 조건에서 행한 것입니다.

지금까지 그는 봄베를 교환했던 적이 없어 질소 봄베와 산소 봄베를 구별하지 못한 결과였습니다. 유기 리튬 화합물에 산소를 불어넣으면 순식간에 위험한 과산화물인 리튬염이 대량으로 생성됩니다. 부상을 입지 않은 것이 행운이었습니다. 무엇을 잘못했기 때문일까요? 이 사례를 안전의 관점에서 다시 더 생각해 봅시다.

(1) 이 학생은 각각의 실험대에 공통 배관되어 있는 질소 가스 공급 라인을 사용해 실험을 해 왔다. 유기 리튬 시약을 사용해서 원료 합성을 평소의 순서대로 실험하려고 했다.

(2) 질소 가스는 공통의 질소 봄베로 공급되고 있으므로 연구실에서 적시에 교환되고 있었다. 그러나 이 학생은 항상 누군가가 보충해 준 것을 사용했기에 보충 방법을 몰랐다.

(3) 이번 실험에서는 반응이 한창 진행되는 중간에 질소 가스 공급이 끊겨 질소 봄베를 교체할 수 있는 학생을 찾았지만 마침 식사 시간이어서 아무도 눈에 띄지 않았다.

(4) 직접 빈 회색의 질소 봄베를 제거하고 근처에 놓여 있던 검은색 산소 봄베로 교체했다.

(5) 질소 분위기하에서 행해야 할 실험을 산소 분위기하에서 한 탓에 폭발한 것이다.

이 학생이 대학원생임에도 질소 봄베와 산소 봄베를 구별하지 못한 것은 논외로 하고, 가장 큰 문제는 그가 (4)의 행위를 한 것이라고 생각합니다. 아무도 부탁할 수 있는 사람이 없자 직접 교체했겠지만, 실험을 중단하고 경험이 있는 다른 사람을 기다렸다가 의뢰했다면 이러한 일은 일어나지 않았을 것입니다.

실험을 서두른 이유가 있었을지도 모릅니다만, 그것은 변명이 되지 않습니다. 본서에서는 봄베 감압 조정 밸브의 구조 및 교체에 대해 자세하게 다루겠지만, 설치하고 바꾸는 조작의 위험성 리스크도 있어 또 다른 위험을 초래할 가능성도 있습니다.

정확히 알지 못하는 일을 누구에게 조언을 구하지 않고 직접 행하는 것이야말로 큰 위험으로 이어집니다. 연구실에는 여기저기 위험이 산재해 있습니다. 그것을 위험이라고 느끼지 않는 것은 매우 큰 위험 리스크이기도 합니다.

교훈 커뮤니케이션을 소중히 한다.
교훈 불확실하다고 생각되는 행동은 단념한다.

봄베의 사례에서 떠오른 또 하나는 제대로 고정되어 있지 않은 수소 봄베가 넘어졌을 때에 부르돈관이 접혀 수소 가스가 나온 사례입니다. 무거운 봄베가 구동 힘을 얻어 굴러다니는 바람에 그저 도망칠 수밖에 없었던 것 같습니다. 다행히 화재가 나지는 않았고 무사히 넘어갔지만 봄베 고정의 중요함을 실감하는 사고였습니다.

지진이 일어나 일제히 봄베가 넘어진 이야기를 자주 듣습니다. 경험상 봄베는 적어도 두 지점에 고정할 필요가 있습니다. 불이 날 가능성이 있는 약품병을 실험대 선반에 두지 않는 것도 기본입니다.

실험대가 넘어져 유리 약품병이 깨지면 인화하는 것이 예상되기 때문입니다. 시약은 다소 비싸도 한번에 다 사용할 수 있는 작은 병을 사기를 권장합니다. 또 작은 병이 깨지기 어려운 것도 사실입니다. 지진으로 정전이 되면 냉장고에 보관하고 있던 약품의 분해 리스크가 발생합니다.

예를 들어, 라디칼 반응이나 라디칼 중합에 이용하는 중합 개시제 중에는 실온 부근에서 분해하는 것이 있습니다만 정전으로 냉장고 전원이 차단되면 분해반응이 일어나기 때문에 위험합니다. 약품용 냉장고는 정전에 대응할 수 있는 비상용 전원을 이용하는 게 좋습니다. 약품용 냉장고가 없는 경우는 정전 시간에 드라이아이스로 냉각시킨 곳에 옮겨 일시 저장하는 것도 생각할 수 있습니다만, 지진과 같은 순식간에 일어나는 사고에는 역부족입니다.

교훈 언젠가 일어날 지진이나 정전 대책에 만전을 기한다.

여러분은 세상에서 가장 쓴맛의 화합물이 무엇인지 알고 있나요? 기네스북에 실려 있는 그 화합물의 명칭은 비트렉스(bitrex)라고 합니다만, 나는 이 화합물을 합성한 경험이 있습니다.

최종적으로 20mg 정도의 고체 분말을 감압하에 여과했습니다만 조작을 하는 중에 나는 이 화합물의 합성에 성공했다고 직감할 수 있었습니다. 왜냐하면 그저 소량을 여과하고 있을 뿐인데 입안이 써서 참을 수 없었으니까요. 부유한 분자가 입 점막에 전달되어 쓴맛을 느낀 것이 틀림없습니다.

이것은 매우 시사하는 바가 컸습니다. 활성이 강한 화합물은 극미량으로 작용을 일으킨다는 것을 체험시켜 주었습니다. 비트렉스는 독성이 없어 아기가 마시면 안 되는 것이나 공업용 에탄올을 술로 전용할 수 없게 변성시키는 쓴맛 첨가제로 사용되고 있습니다.

의약이나 독약 등 이미 활성을 알 수 있는 화합물은 많이 있지만 지금부터 인간이 만들어 내는 화합물이 어떤 활성을 일으킬지는 불확실한 면이 있습니다. 따라서 여러분들이 알려지지 않은 화합물을 만들었다면 체내로 흡수되지 않게, 그리고 주위를 오염시키지 않게 충분히 조심해야 합니다.

최근에는 실험용 고무장갑을 끼고 실험하는 예도 드물지 않습니다. 자극성이나 독성이 있는 시약을 사용할 때 피부를 보호하고 건강을 지키기 위해 중요한 일입니다. 그러나 손장갑을 낀 채 문의 손잡이를 잡는 학생을 보는 일이 있습니다. 화합물이 다른 사람에게 오염된다는 생각을 미처 하지 못한 것 같습니다. '화학물질을 확산하지 않는다' 그리고 '자신도 지키지만 다른 사람도 지킨다'는 생각은 연구자가 반드시 지켜야 할 윤리입니다.

교훈 신규 화학물질의 활성이나 독성은 불분명하다.
교훈 주위로 확산이 오염되는 것을 막는다.

비트렉스

위험성이나 독성에 대한 평가는 시대와 함께 바뀐다는 점도 알아두기 바랍니다. 처음부터 완전한 정보는 없다는 얘기입니다. 새로운 지식이 축적되고 어느 경우에는 실수를 범하면서 보다 객관적인 평가 기준이 확립됩니다.

내가 학생 시절에 벤젠은 실험에서 추출 용매로 사용되었습니다. 냄새가 매우 싫었지만 분액 깔대기를 흔들면서 빛의 굴절이 깨끗한 용매라고 느꼈던 그때의 일을 기억하고 있습니다.

세월이 지나 벤젠이 발암성 작용을 한다는 사실이 밝혀지면서 제7장에서 말하겠지만, 대사 경로가 다른 톨루엔을 대체 용매로 이용하도록 권장하고 있습니다. 또 디클로로메탄은 극성이 있고 비점이 낮기 때문에 다루기 쉬운 용매입니다만, 이것도 유해성이기 때문에 지금은 피하고 있습니다. 비점이 낮고 물보다 비중이 크기 때문에 물 아래에 모여 토양에 방출되면 그대로 잔류해서 환경오염을 일으킵니다.

현재 디클로로메탄은 다른 화합물과 함께 하천의 수질검사에서 반드시 검사해서 기준값을 넘으면 오염원이 특정되어 경고를 받게 되었습니다. 소량이라도 개수대에 버리면 환경오염으로 연결된다는 점을 명심합시다.

마지막으로 화학물질에 의한 환경오염 사례를 하나 들어 봅시다. 주유소에서는 화학합성으로 만들어진 옥탄가가 높은 성분을 첨가해서 무연 고옥탄 가솔린으로 팔리고 있습니다만 1970년대에는 테트라알킬납을 첨가하여 가솔린의 성능을 올리는 것이 일반적이었습니다.

또 자동차도 마력이 나오는 유연 고옥탄 가솔린을 사용하는 것을 전제로 한 자동차가 많이 제조되었습니다. 그러나 가솔린이 사용되면 사용될수록 방출된 납에 의한 환경오염이 심각해졌습니다. 도로 등 우리의 생활환경에 축적되었습니다. 납의 독성은 이미 오래전에 알려졌지만, 성능이 좋다는 이유로 생산·판매를 계속한 사람들의 윤리관이 문제로 거론되고 있습니다.

작금의 기업에는 컴플라이언스(compliance) 준수가 강하게 요구되고 있습니다만, 연구자들에게도 높은 윤리관이 필요합니다. 안전을 의식한 연구 활동을 하는 것 그리고 그 연구 활동에 의해 환경을 오염시키지 않고 자기 자신은 물론 다른 사람에게도 건강 피해를 줘서는 안 된다는 마음가짐을 가져야 합니다.

연구 성과는 사람들이 보다 풍요롭고 쾌적하게 살 수 있도록 하기 위해 사용되는 것입니다. 그런 만큼 그것에 일상적으로 종사하는 연구자의 윤리감은 무엇보다 중요합니다. 화학물질에 대한 올바른 지식과 실험 조작에 대한 올바른 조작법을 몸에 익혀 안전하게 실험을 수행해야 합니다.

교훈 윤리관이 있는 연구자로서 스스로를 갈고 닦는다.

1장 화재나 폭발 위험이 있는 화학물질

금속류부터 반응성 유기화합물까지 다양한 화학물질(화학 약품)을 사용하는 화학 실험에서 가장 흔히 일어나는 폭발이나 화재 사고는 주위 사람들의 안전과도 관계된다. 물질이 휘발해 공기와 가연성 혼합물을 만들 수 있는 최저 온도가 인화점이며 이 온도에서 연소가 시작하려면 점화가 필요하다. 한편, 가연물을 공기 중에서 가열하면 어느 온도까지 상승했을 때 자연발화하는 한계 온도를 발화점이라고 한다.

물질의 인화점과 발화점을 알아두는 것은 안전하게 물질을 취급하는 데 필수라고 할 수 있다. 한마디로 폭발, 발화한다고 해도 위험물이 폭발 혹은 발화하는 데는 다양한 조건이 있다. 예를 들어, 유기화합물인 디에틸에테르나 에틸알코올은 인화성 액체이며, 주위에 있는 화기(발화원 혹은 발화원)로부터 인화해 연소한다. 또 고체 알루미늄도 인화성을 가진다.

한편 칼륨이나 나트륨 등은 물이나 공기에 접하기만 해도 발화한다. 게다가 과염소산염은 가열이나 충격 혹은 마찰에 의해 발화나 폭발을 일으킨다. 유기화합물인 니트로글리세린도 충격이 가해지면 폭발적으로 발화한다.

위험물을 사용하는 실험을 안전하게 행하기 위해서는 각 물질의 위험성을 파악하고, 사고가 발생하지 않게 충분한 안전 대책을 강구해야 한다. 제1장에서는 각 물질이 발화나 인화, 폭발을 일으키는 조건 그리고 사고를 방지하기 위해 안전하게 취급하는 방법을 해설한다. 또 화학물질 안전성 데이터 시트와 「소방법」에 의거하는 6종류의 분류와 이들 화학물질의 위험성에 대해 순서대로 설명한다.

또한「소방법」에서는 화재의 원인이 되는 물질 가운데 상온, 상압에서 고체 혹은 액체 상태인 것을 위험물이라고 정하고 있고 기체는「고압가스보안법」의 적용을 받는다.

1_1. 화학물질 안전성 데이터 시트란?

화학물질을 사용하기 전에 화학물질 안전성 데이터 시트(safety data sheet; SDS)를 입수해 안전성을 조사하자. 처음 취급하는 화학물질은 폭발, 화재에 대한 위험성이나 유해성에 대해 미리 정보를 확인해 두는 것이 바람직하다. 일본에서는「독물 및 극물 단속법」,「노동안전위생법」,「특정 화학물질의 환경 배출량 파악 등 및 관리 개선의 촉진에 관한 법률(PRTR법)」등에서 지정되어 있다. 화학물질이나 제품을 유통시킬 때는 SDS의 제공이 의무화되고 있어 지금까지 20만 건 이상의 데이터가 축적되어 있다. 인터넷을 통해서 SDS 혹은 MSDS(material safety data sheet) 관련 자료를 조사할 수가 있다.

예를 들어, 일본시약협회의 화학물질 안전성 데이터 시트 검색 사이트에서는 각 화학물질의 제품명을 포함한 위험물질 등 및 회사 정보, 위험 유해성의 요약, 조성 및 성분 정보, 응급조치, 화재 시의 조치, 누출 시의 조치, 취급 및 보관상의 주의, 폭로 방지 및 보호 조치, 물리적 및 화학적 성질, 안정성 및 반응성, 유해성 정보, 환경 영향 정보, 폐기상의 주의, 수송상의 주의, 적용 법령, 기타 정보가 기재되어 있다(http://j-shiyaku.ehost.jp/msds-finder/select.asp를 참조)

GHS란 globally harmonized system of classification and labeling of chemicals의 약어로 화학물질의 위험 유해성 종류와 정도를 세계 통일 규정으로 분류해 안전 데이터 시트 등을 제공하는 시스템을 말한다.

따라서 화학물질이 가진 다양한 위험성에 대해서는 물리화학적 위험성, 건강 유해성, 환경 유해성의 각 분류와 그 정도를 나타내는 각 구분으로 표시되어 있다. 데이터 시트의 위험 유해성 정보에는 GHS의 분류에 의거한 정보가 기록되어 있다. GHS에서는 위험 유해성을 나타내는 각 심볼 마크가 결정되어 있다(표 1.1). 이어서 표 1.2와 표 1.3에는 일례로 인화성 액체와 자연발화성 액체에 대해 GHS 구분과 심볼 마크를 나타냈다.

표 1.1
노동안전위생법(GHS 대응)에 기초한 폭발, 화재 위험성 및 유독성을 나타내는 심볼 마크

GHS대응마크	호칭	화합물
	불꽃	가연성·인화성 가스, 가연성·인화성 에어로졸, 인화성 액체, 가연성 고체, 자기반응성 화학품, 자연 발화성 액체·고체, 자기발화성 화학품, 물반응 가연성 화학품, 유기과산화물
	원 위의 불꽃	지연성·산화성 가스, 산화성 액체·고체
	폭탄 폭발	폭발물, 자기반응성 화학품, 유기과산화물
	부식성	금속 부식성 물질, 피부 부식성, 자극성, 눈에 대해 심각한 손상성, 눈 자극성
	가스 봄베	고압가스
	두개골	급성 독성(구분 1~구분 3)
	느낌표	급성 독성(구분 4), 피부 자극성(구분 2), 눈에 대한 심각한 손상성, 눈 자극성(구분 2A), 피부 과민성, 특정 표식 장기 독성(구분 3), 전선 독성, 오존층에 미치는 유해성
	환경	수생 환경 유해성(급성 구분 1, 장기간 구분 1, 장기간 구분 2)
	건강 유해성	호흡기 과민성, 생식 세포 변이원성, 발암성, 생식 독성(구분 1, 구분 2), 특정 표식 장기 독성(구분 1, 구분 2) 전신 독성, 흡인성 호흡기 유해성

시약을 구입하면 시약에 부착된 라벨에도 폭발, 화재 위험성 및 유독성에 대한 최소한의 정보가 기재되어 있다(그림 1.1). 표 1.4에는 위험성과 유해성을 나타내기 위해 이용되고 있는 각종의 심볼 마크를 정리했다. 독물 및 극물 단속법에 해당하지 않는 품목일지라도 흡입 또는 삼키거나 피부에 부착하면 유해 위험성이 있다는 점에도 유의한다. 예

를 들어 LD_{50}(래트, 경구)값이 200~2000mg/kg 및 변이원성(발암성 등)이 인정되는 화학물질 등이 해당한다. 덧붙여 LD_{50}의 정의는 제3장 3.1절을 참조하기 바란다.

표 1.2 인화성 액체의 GHS 구분

구분	인화점(℃)	비점(℃)	GHS 대응 마크	주의 환기어
구분 1	23 미만	35 이하		위험
구분 2	23 미만	35 이상		위험
구분 3	23 이상 60 이하	–		경고
구분 4	60 이상 93 이하	–	불꽃마크 없음	

표 1.3 자연발화성 액체의 GHS 구분

구분	성질	GHS 대응 마크	주의 환기어
구분 1	공기에 접촉시키면 5분 이내에 발화한다.		위험
구분 외	위의 위험이 없는 것		

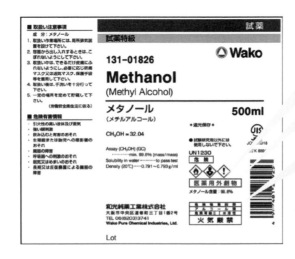

GHS에 의거한 폭발, 화재(왼쪽 마크)와 독성(오른쪽 마크) 위험성을 나타내는 기호

「독물 및 극물 단속법(독극법)」에 의거한 유독성을 표시

「소방법」에 의거한 폭발, 화재 위험성을 경고. 표 1.5의 6분류에 따라 위험성이 표시되어 있다.

그림 1.1　노동안전위생법(GHS 대응)에 따른 라벨 표시
와코퓨어케미컬의 허가를 얻어 전재

표 1.4 폭발, 화재 위험성 및 건강 유해성을 나타내는 각종 심볼 마크

일본시약협회 선정 기준에 의거한 심볼 마크				노동안전위생법(GHS 대응)에 의거한 심볼 마크	
심볼 마크	소방법에 따른 해당 품목	심볼 마크	독물 및 극물 단속법에 따른 해당 품목	심볼 마크	해당 품목
휘발성	화약단속법에 따른 화약 및 폭약, 고압가스보안법에 따른 고압가스	맹독성	독물 및 극물 단속법에 따른 독물 등		가연성/인화 가스, 에어로졸, 인화성 액체, 가연성 고체, 자기반응성 화학품, 자기발화성 액체·고체, 자기발열성 화학품, 물반응 가연성 화학품, 유기과산화물
극인화성	위험물질 제4류 특수 인화물	독성	독물 및 극물 단속법에 따른 극물 등		지연성/산화성 가스, 산화성 액체·고체
인화성	위험물질 제4류 제1석유류 알코올류 제2석유류	유해성	각주 1) 참조		폭발물, 자기반응성 화학품, 유기과산화물
가연성	위험물 제2류 가연성 고체	부식성	피부 또는 장치 등을 부식시킨다		금속 부식성 물질, 피부 부식성, 눈에 대한 심각한 손상성
자연발화성	위험물 제3류 자연발화성 물질	자극성	피부, 눈, 호흡기관 등에 통증 등의 자극을 준다		고압가스
금수성	위험물 제3류 금수성 물질				급성 독성(구분 1~구분 3)
산화성	위험물 제1류 산화성 고체, 위험물 제6류 산화성 액체				급성 독성(구분 4), 피부 자극성(구분 2), 눈 자극성(구분 2A), 피부 과민성, 특정 표식 장기 독성(구분 3), 오존층에 미치는 유해성
자기반응성	위험물 제5류 자기반응성 물질				수생 환경 유해성(급성 구분 1, 장기간 구분 1, 장기간 구분 2)
					호흡기 과민성, 생식 세포 변이원성, 발암성, 생식 독성(구분 1, 구분 2), 특정 표식 장기 독성(구분 1, 구분 2), 흡인성 호흡기 유해성

1) 독극법에 해당하지 않는 품목이지만 흡입 또는 삼키거나 피부에 접촉하면 유해 가능성이 있다. 예를 들어 LD_{50}(래트, 경구) 200~2000mg/kg 및 변이원성(발암성 등)이 인정되는 화학물질

1_2. 소방법에 따른 위험물 분류

「소방법」에서는 위험물을 발화 혹은 폭발하는 조건을 기준으로 제1류~제6류로 분류하고 있다(표 1.5). 분류에 의거해 사용하는 화학물질이 제 몇류에 속하는지를 알면 사용 시 주의해야 할 최소한의 내용을 알 수 있다. 그러나 위험 화학물질 각각의 성질을 제대로 모르면 위험을 완전하게 막을 수 없다.

위험물 제1류와 제2류는 고체이며, 제3류와 제5류는 고체와 액체가 포함되는데 수는 그다지 많지는 않다. 제6류는 액체이며 무기화합물이 상당한다. 한편, 인화성 액체가 상당하는 위험물 제4류는 수적으로 매우 많은 유기화합물이 분류되고 있고 다시 7종으로 구분된다.

다음에 순서대로 설명한다.

표 1.5 소방법에 따른 위험물의 분류

위험물 제1류	산화성 고체	산소를 내 가연성 물질의 발화, 연소를 조장하는 고체	예 : 염소산칼륨, 과망간산칼륨
위험물 제2류	가연성 고체	저온으로 가까운 화기로부터 인화해 불타는 고체	예 : 알루미늄, 마그네슘, 아연, 적린
위험물 제3류	자연발화성 물질 및 금수성 물질	공기나 물에 접하는 것만으로 반응해 발화하는 고체, 액체	예 : 칼륨, 나트륨, 메틸리튬, 디에틸아연
위험물 제4류	인화성 액체	가까이에 있는 화기로부터 인화해 연소하는 액체, 이하의 7종으로 분류되고 있다. 이황화탄소에 추가해 수많은 유기화합물이 분류된다. 특수 인화물 제1석유류 알코올류 제2석유류 제3석유류 제4석유류 동식물 유류	예 : 디에틸에테르, 액체 에틸 알코올, 아세톤, 가솔린, 등유, 올리브유
위험물 제5류	자기반응성 물질	충격이나 열이 가해지면 폭발적으로 발화하는 고체	예 : 과산화벤조일, 과초산, 니트로글리세린, 아지화나트륨
위험물 제6류	산화성 액체	산소를 내 가연성 물질의 발화, 연소를 조장하는 액체	예 : 질산, 과염소산, 과산화수소

1_3. 산화성 고체 : 위험물 제1류

위험물 제1류에는 스스로는 불연성이지만 분해로 산소를 발생시키는 점에서, 공존하고 있는 가연성 물질의 발화나 연소를 즉석에서 조장하는 고체 물질이 분류되어 있다. 이들 화학물질은 일반적으로 산화 능력이 높기 때문에 산화 반응에 시약으로 이용되는 것이 많다.

다만, 그 만큼 불안정하여 취급하려면 세심한 주의를 기울여야 한다. 제1류에는 높은 산화 상태의 할로겐을 포함한 산화물인 염이 많이 포함된다. 염화칼륨에 관련된 함산소 화합물의 예를 표 1.6에 나타낸다. 염화칼륨은 안정적이어서 위험물은 아니지만, 그 산화물은 산화수가 늘어남에 따라 산화제로서의 능력이 높아져 위험성도 증가한다. 염소의 산화수가 +7인 과염소산염($KClO_4$)은 반응 시가 아니어도 마찰, 가열이나 충격 등으로도 폭발을 일으키기 때문에, 이중에서는 가장 위험하고 실제로 화약이나 폭약에 사용되고 있다.

과산화칼륨이나 과산화마그네슘과 같은 무기 과산화물은 기본적으로 과산화수소의 무기염으로 간주된다. 과산화수소는 물에 용해시키면 안전도를 높일 수가 있지만 무기염은 가열이나 마찰을 피해 취급 시 충분히 주의할 필요가 있다. 또 물에 녹이면 급격한 발열이 일어나고 생성하는 과산화수소의 분해에 의해 산소를 발생시킨다. 따라서 소화에 물은 사용하지 않는다.

산화성 고체의 분해 반응으로부터 위험성을 생각해 보자. 예를 들어 질산암모늄의 분해는 다음의 반응식(1.1)으로 나타낸다.

표 1.6 염화칼륨에 관련된 산소 화합물과 염소의 산화수

명칭	염화칼륨 (위험물이 아님)	차아염소산 칼륨	아염소산 칼륨	염소산칼륨	과염소산칼륨
조성식	KCl	KClO	$KClO_2$	$KClO_3$	$KClO_4$
염소의 산화수	−1	+1	+3	+5	+7

$$2NH_4NO_3 \rightarrow 2N_2 + O_2 + 4H_2O + 57.1kcal \qquad (1.1)$$

이 분해반응이 위험한 이유는 외부로부터의 작은 에너지(충격, 마찰, 가열)로 분해하고, 분해 시에 대량의 O_2 가스, N_2 가스와 수증기가 발생해 급격하게 체적이 팽창하여 주위에 파괴 작용(폭발)을 미치기 때문이다. 분해 시에 발생하는 열에너지도 커서 발생하는 O_2 가스에 가연성 물질이 섞이면 가연물은 용이하게 발화한다. 표 1.7에는 위험하

표 1.7 위험물 제1류와 위험 열분해 온도

위험물 제1류의 대표적 물질과 산소 가스의 발생을 수반하는 위험한 분해가 일어나는 대략의 온도(℃)
염소산칼륨(400), 염소산암모늄(100), 아염소산칼륨(160), 질산암모늄(210), 브롬산칼륨(370), 질산칼륨(400), 과망간산칼륨(200~240), 중크롬산나트륨(400)

다고 여겨지는 열분해 온도를 나타냈다.

위험물의 지정 수량은 위험물의 위험성을 감안해 정해진 수량으로, 위험성이 높은 물질의 지정 수량이 작고 위험성이 낮은 것은 크다(1.10절 및 권말의 부표 2를 참조). 위험 등급에는 I, II, III이 있고 III < II < I의 순서로 위험성이 높아진다. 위험 등급에 따라 용기의 종류(내장, 외장 용기)나 용량이 정해져 있다. 지정 수량과 위험 등급의 상세에 대해서는 1.10절 및 권말의 표를 참조하기 바란다.

위험물 제1류는 위험성에 따라 다시 제1종~제3종 산화성 고체로 분류되고 제1종에는 염소산염, 과염소산염, 무기과산화물이 해당하고, 지정 수량은 50kg이다. 제2종은 300kg, 제3종은 1000kg이다. 제1종, 제2종, 제3종 산화성 고체는 위험 등급 I, II, III에 해당한다.

위험사례 • • • • • • • • • • • • • • • • • • •

주의

(1) 염소산칼륨을 마개가 달린 유리 용기에 보관하던 중 유리 마개 부분에 부착되어 있었기 때문에 마찰로 분해 폭발했다.

(2) 과염소산은을 금속 스패튤라로 계량하다가 폭발이 일어나 손가락에 부상을 입었다.

사진 1.1 유리병
마개와 본체의 입구 부분을 연마제를 사용하여 잘 맞도록 밀착하듯이 가공한 유리병

1_4. 가연성 고체 : 위험물 제2류

위험물 제2류에는 발화나 인화에 의해 격렬하게 불타는 고체 물질이 분류된다.

분말상 금속은 깎아낼 때에는 표면이 산화되지 않고 공기 중의 산소와 반응해 불타기 때문에 취급 시에는 충분히 주의할 필요가 있다. 적린은 마찰로 발화하기 때문에 성냥의 원료로 사용되고 있다. 적린의 발화점과 유황의 발화점은 각각 260℃, 232℃이지만, 삼황화린 P_4S_3나 오황화린 P_2S_5는 100℃로 낮다.

특히 발화점이 50℃로 낮은 황린은 다음의 1.5절에서 취급하는 자연발화성 물질(위험물 제3류)로 분류되고 있다.

▶ **칼럼**

위험물 취급자 국가시험에 대해

소정 단위를 습득하면 대학 재학 시부터 수험 자격을 얻을 수 있는 것으로, 소방법 제13조에 의해 정해진 위험물 취급자가 있다. 위험물 취급자 시험은 매년 몇 차례 실시된다. 대학이나 인근 소방서에 문의하든지 일반 사단법인 소방시험연구센터 홈페이지를 보면 시험 일자를 알 수 있다. 을종 위험물 취급자 자격에는 취급할 수 있는 위험물의 종류가 한정되어 모든 위험물을 취급할 수 있는 갑종 위험물 취급자 자격을 취득하는 것이 바람직하다.

소방법 제13조　정령으로 정하는 제조소, 저장소 또는 취급소의 관리자 또는 점유자는 갑종 위험물 취급자(갑종 위험물 취급자 면장을 교부받은 사람을 말한다) 또는 을종 위험물 취급자(을종 위험물 취급자 면장을 교부받은 사람을 말한다)로 6개월 이상 위험물 취급 실무 경험을 가진 자 중에서 위험물 보안 감독자를 정해 총무성령으로 정하는 바에 따라, 그 사람이 취급할 수가 있는 위험물의 취급 작업에 관한 보안 감독을 시켜야 한다. 즉, 이 국가 자격을 갖고 있으면 위험물을 취급한 자격을 갖게 되어, 사업자는 국가시험 자격을 가진 자 중에서 보안 감독자를 정하고 위험물 취급 감독을 시킨다. 면장에는 갑종과 을종 2종류가 있고, 수험 자격은 다음과 같다.

갑종 취급자 면장 : 위험물 제1류~위험물 제6류 전부를 다룰 수 있다.

수험 자격: 대학, 단기 대학, 고등전문학교에서 화학 관련 과목을 15학점 이상 취득한 자 혹은 을종 위험물 취급자 증명서를 교부받은 후, 2년 이상 위험물 취급 실무 경험을 가진 자

인화성 고체란 1기압에서 인화점이 40℃ 미만인 것으로 상온(20℃)에서 가연성 증기를 발생해 인화의 위험이 있는 것을 말한다. 인화성 고체의 공통된 사항으로는 지정 수량이 1000kg로 위험 등급이 Ⅲ인 것, 화재 예방에 있어서는 '함부로 증기를 발생시키지 않을 것', 소화 시에는 '거품, 분말, 이산화탄소, 할로겐화물에 의해 질식 소화할 것'을 들 수 있다. 예로는 고무풀, 고형 알코올, 래커 접착제가 있다.

고무풀은 왜 위험할까. 인화점이 10℃ 이하로 낮아 상온 이하에서 인화성 증기를 발생하기 때문이다. 또 그 증기는 두통이나 빈혈, 현기증 등을 일으킨다. 이러한 점에서 보관 시에는 용기의 마개를 닫는 동시에 충격이나 직사광선을 피하고 화기에 접근하지

▶ 칼럼

을종 취급자 증명서 : 면장을 취득한 종류(예를 들어, 제4류의 모든 것)를 취급할 수가 있다.

수험 자격 : 제한은 없다.

〔마찬가지로 수험 자격에 제한이 없는 것과 제4류 중 특정 위험물(가솔린이나 등유 등)만을 취급할 수가 있는 병종 취급자 면장도 있다〕

시험 과목
1) 물리학 및 화학
    갑종 : 대학, 전문학교 수준의 물리학 및 화학
    을종 : 기초적인 물리학 및 화학
    병종 : 연소 및 소화의 기초지식
2) 위험물의 성질, 화재 예방 및 소화법
3) 위험물에 관한 법령

직업 위험물을 취급할 수 있다.

사업자는 보안 책임자를 정하고 위험물의 취급도 보안을 준수하고 감독해야 한다.

않아야 하며, 통기 및 환기가 잘 되는 장소에서 취급해야 한다.

위험물 제2류 중 황화린이나 적린, 유황 등은 위험성이 높고 지정 수량은 100kg 이다.

【대표적 물질 예】

분말상 금속 : Fe, Zn, Al, Mg

황화린 : P_4S_3, P_2S_5, P_4S_7

적린/유황/고형 알코올/고무풀

▶ 칼럼

불타는 아연과 불타지 않는 아연

시약인 아연은 공기 중에서는 발화하지 않지만 반응에 사용한 아연이 공기 중에서 연소하는 것은 왜일까.

다음에 나타낸 것처럼 표면이 깨끗한 아연은 산화하지 않은 상태이기 때문에 발화 위험성이 있다.

① 반응 전   ② 반응 후   ③ 공기와 접촉해서 발화

① 금속 아연의 표면이 산화된 산화 아연으로 덮여 보호되고 있다.

② 반응에 사용되는 과정에서 산화되지 않은 깨끗한 아연 표면이 나타난다.

③ 금속 아연 표면이 공기 중 산소에 의해 산화되어 탄다.

표 1.8 위험물 제2류 가열 시 점화 시작 온도

위험물 제 2류의 대표적 물질과 점화 온도(℃)
Mg(520), Zn(600), Al(640), 적린(260), 삼황화린(P_4S_3)(100), 오황화린(P_2S_5)(100), 칠황화린(P_4S_7)(290), 유황(232)

표 1.8에는 가열 시에 점화 시작 온도를 나타냈지만, 이 온도는 대략적인 기준값이며 미분말은 이보다 낮은 온도에서 발화할 우려가 있다. 표면이 활성인 금속은 공기 중 산소에 의해 산화된다. 산화 반응은 발열에 의해 가속도적으로 격렬해져 반응열이 축적되는 상태가 되면 금속은 발화하는 일이 있다. 공기 중 산소에 의한 산화 반응으로 발화하는 현상은 금속류에 한하지 않고 산화되기 쉬운 가연물(예를 들어 유지류)에서도 일어날 위험성이 있다.

▶ 칼럼

분진 폭발과 수증기 폭발

분진 폭발은 플라스틱이나 석탄, 설탕, 소맥분 등 위험물이 아닌 가연성 고체의 미분말에서도 발생한다. 2류 이외의 가연성 고체 물질이 발화하는 대략의 온도는 에폭시 수지 530℃, 폴리스티렌 282℃, 코크스 440~600℃, 목탄 250~300℃이다. 또 아연의 예에서도 말했듯이 반응에 이용한 후의 잔여 금속은 표면이 산화되고 있지 않아 반응성이 매우 높다. 따라서 공기 중 산소와 반응하여 발화하기 때문에 특히 취급에 조심해야 한다.

또 타고 있는 금속에 물을 뿌려 소화하는 것은 매우 위험한 행위라고 할 수 있다. 수소가 발생해 소규모라도 수소 폭발을 유발한다. 만약 금속화재가 일어나면 물을 뿌리지 말고 모래를 덮어 질식 소화한다. 덧붙여 수증기 폭발은 수소 폭발과 혼동되기 쉽지만 물이 고온의 물체에 접촉하면 급격하게 수증기가 된다. 그때의 체적 증가(열에 의한 팽창을 가미하면 대략 1700~1800배나 된다)로 일어나는 폭발 현상이 수증기 폭발이다. 고온의 수증기에 접촉하면 화상과 폭풍으로 큰 부상으로 이어질 우려가 있다.

(1) 알루미늄 부품을 연마하던 중 부유한 알루미늄 미분말(분진)에 주위의 발화원으로부터 인화하여 분진 폭발이 일어났다.

(2) 마그네슘 분말 화재에 물을 뿌리면 발생하는 수소 가스의 연소가 더해져 불기운이 더욱 강해진다.

(3) 시클로프로판화 반응에 이용하고 남은 아연을 쓰레기통에 버려 자연 발화했다.

(4) Grignard 반응에서 남은 마그네슘을 실험대 위에 방치해 자연 발화했다.

1_5. 자연발화성 물질 및 금수성 물질 : 위험물 제3류

위험물 제3류에는 상온에서 공기(산소)에 접촉하면 발화할 위험성이 높은 액체 또는 고체(자연발화성 물질)가 분류되어 있다. 또 상온에서도 물에 접하면 발화하는 금수성 물질도 위험물 제3류에 속하지만 양쪽 모두의 위험성을 가진 물질도 적지 않다. 실험실에서 화학물질의 발화가 원인인(발화원이 된다) 화재의 상당수는 위험물 제3류의 잘못된 사용 및 보존에 의한 것인 만큼 취급 시에는 세심한 주의가 필요하다.

맹독인 황린은 위험물 제2류로 분류되는 적린에 비해 훨씬 낮은 온도(약 50℃)에서 자연발화한다. 한편 물과는 반응하지 않기 때문에 수중에서 보존하지만, 위험물 제3류의 물질 중 물에 노출하는 것은 극히 예외적이므로 다른 화학물질을 함부로 물에 노출시켜서는 안 된다. 물과 반응하면 수소나 가연성 가스를 내는 점에서 취급 시에는 금수성 조건을 철저히 준수할 필요가 있다.

각종 부틸리튬 중에서는 $tert$-C_4H_9Li($tert$-부틸리튬)와 sec-C_4H_9Li(sec-부틸리튬)는 공기 중 산소에 접촉하는 동시에 연소한다. 또 알킬알루미늄이나 알킬아연도 공기 중에서 바로 불탄다. 이러한 유기 금속 화합물은 반드시 아르곤이나 질소 등의 불활성 가스 분위기에서 다루어야 한다.

자연발화성 물질로 분류되어 있지 않은 금수성 화학물질이라도 물이나 대기 중 습기와 반응하여 가연성 가스를 발생시켜 발화할 위험성이 있다(표 1.9).

【대표적 물질 예】

(1) 자연발화성과 금수성 양쪽 모두의 위험성을 갖고 있는 물질

　　금속 : Na, K, Cs

　　알킬알루미늄 : $(CH_3)_3Al$, $(C_2H_5)_3Al$, $(C_3H_7)_3Al$

　　알킬리튬 : 메틸리튬 CH_3Li, n-부틸리튬 n-C_4H_9Li, sec-부틸리튬

　　　　sec-C_4H_9Li, $tert$-부틸리튬 $tert$-C_4H_9Li

　　알킬아연 : $(C_2H_5)_2Zn$, $(CH_3)_2Zn$

(2) 자연발화성 물질

　　황린(예외적으로 수중에서 보존)

(3) 금수성 화학물질

　　금속 : Li, Ca, Ba

　　　　다만 미립자가 된 금속은 표면적이 크게 활성화되어 공기에 접하기만

　　　　해도 발화할 위험이 있다.

　　금속 수소화물 : 수소화리튬 LiH, 수소화나트륨 NaH, 수소화붕소나트륨

　　　　$NaBH_4$, 수소화알루미늄리튬 $LiAlH_4$

　　금속 인화물 : 인화칼슘 Ca_3P_2

　　칼슘 또는 알루미늄 탄화물 : 탄화칼슘 CaC_2, 탄화알루미늄 Al_4C_3

(4) 기타 제3류

　　염소화 규소 화합물 : $HSiCl_3$

표 1.9 위험물 제3류의 금수성 화학물질과 물이 반응했을 때 발생하는 가연성 가스

위험물 제3류의 금수성 화학물질	물과 반응했을 때 발생하는 가연성 가스
Li, Na, K, Ca, Ba, LiH, NaH, $NaBH_4$, $LiAlH_4$	H_2
CH_3Li, $(CH_3)_3Al$, $(CH_3)_2Zn$	CH_4
$(C_2H_5)_3Al$, $(C_2H_5)_2Zn$	C_2H_6
Ca_3P_2	PH_3 (포스핀, 맹독성)
CaC_2	C_2H_2 (아세틸렌)

표 1.10 위험물 제3류의 발화성 화학물질과 발화점

위험물 제3류의 발화성 화학물질	발화점(℃)
황린	30~50
$(CH_3)_3Al$	실온 이하
Ca_3P_2	100~150

가열에 의해 자연발화하는 물질도 주의가 필요하다(표 1.10). 칼륨, 나트륨, 알킬알루미늄, 알킬리튬 등은 지정 수량 10kg으로 위험물 중에서는 가장 지정 수량이 적고 위험성이 매우 높은 물질이라고 할 수 있다.

● 칼륨과 나트륨의 위험성

칼륨과 나트륨은 공기나 물에 접하기만 해도 발화하는 위험한 물질인 것은 위험물 제3류로 분류되어 있는 것에서도 이해할 수 있을 것이다. 그러나 위험성에는 상당한 차이가 있다. 예를 들어, 나트륨은 공기에 접해도 발화까지 몇 분간의 여유가 있지만 칼륨은 몇 초 만에 발화한다.

실험에서 사용하는 경우에 이 차이는 안전상 큰 차이가 된다. 사고를 막으려면 분류만으로는 충분하지 않고 이 예와 같이 각 물질의 위험성에 대해 보다 자세하게 숙지하지 않으면 안 된다. 특히 위험성이 큰 물질일수록 상세한 위험성을 알아 두어야 한다.

● $NaBH_4$와 $LiAlH_4$의 위험성

$NaBH_4$(수소화붕소나트륨)과 $LiAlH_4$(수소화알루미늄리튬), 이 두 시약은 물에 대한 반응성이 크게 다르므로 취급 방법에 차이가 있음을 짚고 넘어간다. 둘 중 $LiAlH_4$가 더 위험하며 물과 격렬하게 발열적으로 반응해 수소 가스가 발생하므로 수소 폭발 위험성이 있다.

따라서 안전하게 취급하려면 초산에틸, 에탄올로 우선 처리하여 수소가 나오지 않는 것을 확인하고 물로 처리하는 순서에 따라 실시한다. $NaBH_4$의 반응성은 $LiAlH_4$보다 완만하다. $NaBH_4$ 취급에 익숙한 연구자가 때때로 $LiAlH_4$를 이용하던 중 발화하는 사례가 많다.

● n-C$_4$H$_9$Li와 $tert$-C$_4$H$_9$Li의 위험성

n-C$_4$H$_9$Li(n-부틸리튬)이나 $tert$-C$_4$H$_9$Li 등의 시약은 보통 헥산이나 펜탄 등의 탄화수소 용액으로 공급되고 있다. 모두 물에 대한 반응성이 높아 금수 조건이 필요하다. 한편, 이들 유기 리튬 화합물은 산소와 격렬하게 반응한다. 특히 $tert$-C$_4$H$_9$Li의 경우는 공기에 접하면 즉시 발화하기 때문에 완전하게 불활성 가스 분위기에서 반응시켜야 한다. 또 어느 경우든 채취에 이용하는 실린지는 바늘의 잠금 기능이 있는 가스 타이트 실린지를 이용한다. 만일 어긋나면 어긋난 지점에서 발화가 일어나 화재나 사고로 이어진다.

위험물 제3류를 보존할 때는 특별히 세심한 주의를 기울여야 한다. 문제가 있으면 항상 화재의 원인이 된다. 나트륨(Na), 칼륨(K) 등의 금속류는 등유 등의 보호액에 담가 공기나 습기에 접하지 않는 상태로 보존한다(그림 1.2). 유리병은 파손을 방지하기 위해 금속 캔에 넣고 병과 캔의 간극에는 불연성 쿠션재를 채워 둔다. 또 뚜껑의 틈새는 비닐 테이프로 막아 습기나 산소의 침입을 막으면 좋다.

위험사례
주의

(1) 실험에서 사용하고 남겨 둔 나트륨을 보관하기 위해 등유가 들어 있는 병에 넣자, 병의 바닥에 약간 물이 혼입되어 있었기 때문에 나트륨이 발화했다.

(2) 백색의 고체가 들어간 병이 길게 놓여져 있어 쓰레기로 처분하기 위해 흐르는 물을 넣는 순간 갑자기 병이 폭발해 안면에 상처를 입었다. 이것은 용매를 건조하기 위해 나트륨을 넣어 둔 병으로 표면이 수산화나트륨의 백색 고체로 되어 있지만 내부는 나트륨이 살아 있어 물이 들어가자 급격하게 폭발하여 유리병이 갈라졌기 때문이었다.

(3) 실험에 사용한 칼륨을 칭량하기 위해 유산지 위에 꺼내는 순간 칼륨이 발화했다.

(4) 헥산으로 희석되어 있는 트리에틸알루미늄 병에 균열이 생겨 트리에틸알루미늄이 발화하였다.

(5) 주사기를 사용하여 $tert$-부틸리튬의 펜탄 용액을 반응 용기에 옮기던 중, 주사기로부터 누설된 용액이 발화해 실험복에 불이 옮겨 붙었다.

(6) n-부틸리튬의 헥산 용액을 이용한 실험에서 유리 반응 용기가 파열했다. 원인은 질소로 착각하고 산소 치환을 했기 때문이었다.

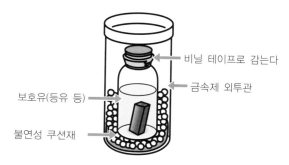

비닐 테이프로 감는다

금속제 외투관

보호유(등유 등)

불연성 쿠션재

그림 1.2 위험물 제3류의 보관 방법
습기의 침입을 방지하기 위해 비닐 테이프로 감아두는 것이 좋다.

알킬 금속류 등의 액체는 대학의 실험에서 사용하는 정도의 소량이면 불활성인 유기용제로 희석해 병에 넣고 나트륨 등과 같이 용기를 이중으로 해 파손을 방지한다. 황린의 경우는 보기 드물게 보호액은 물이며 공기에 접하지 않게 보존한다. 또 금속 캔을 사용하되, 이때도 만일 병이 깨질 경우에 대비하여 불연성 쿠션재를 사용한다.

또 보호액을 이용하는 것은 보호액이 줄어들어 금속류가 액면상에 노출하면 발화하기 때문이며, 보호액의 양에는 항상 주의를 기울여야 한다.

1_6. 인화성 액체 : 위험물 제4류

주위의 화기(발화원, 발화원)로부터 인화해 불타는 액체는 위험물 제4류로 분류되고 있지만, 자주 사용되는 유기용매의 대부분이 제4류에 포함되므로 제4류의 대상은 매우 많다(표 1.11, 표 1.12). 인화성 액체가 인근 화기로부터 인화하는 위험성은 액체가 무엇이냐에 따라 큰 차이가 있다.

상온(20℃)에서 인화성 액체를 사용하는 경우 가솔린(인화점 −40℃)은 근처에서 작은 전기 불꽃이 발생하기만 해도 즉석에서 인화해 불타지만 등유(인화점 40℃)는 이 정도 온도에서는 인화하지 않는다. 등유에 순조롭게 불을 붙이려면 미리 40℃ 이상으로 올려 둘 필요가 있다. 한편 조리에서 사용하는 콩기름은 280℃ 이상이 되면 인화한다.

표 1.11 위험물 제4류의 대표적 물질과 공기를 1로 할 때 인화성 액체의 증기 비중

아세톤(2.0), 디에틸에테르(2.6), 톨루엔(3.1), 헥산(3.0), 메탄올(1.1), 에탄올(1.6)

따라서 가솔린, 등유, 대두유를 비교하면 각각의 인화점에는 차이가 있고, 상온에서도 간단하게 인화하는 가솔린이 가장 위험하다고 할 수 있다. 즉 인화성 액체의 위험성 (주위의 화기로부터 인화해 불타는 성질)은 그 액체의 인화점의 고저에 따라 정해진다. 여기서 말하는 인화점이란 물질이 휘발해 공기와 가연성 혼합물을 만들 수 있는 최저 온도이며 이 온도 이상이 되면 점화와 함께 연소가 일어난다. 인화점이 낮은 액체일수록 인화 위험성은 크고 기온이 높은 여름과 낮은 겨울에는 자연히 위험성에 차이가 생긴다.

소방법에서는 위험물 제4류의 인화성 액체를 인화성의 세기(인화점의 높낮이)를 기준으로 7종류로 분류하고 있다(표 1.12) 표 1.13에는 각각의 위험 등급을 정리했다. 위험 등급은 Ⅰ, Ⅱ, Ⅲ의 순서로 숫자가 작을수록 위험도가 높아진다.

표 1.11에 나타낸 것처럼 위험물 제4류에 속하는 대부분의 액체 증기는 분자량이 공기의 평균 분자량 29보다 커 무겁다. 따라서 증기는 낮은 장소에 모이기 쉽고, 먼 곳까지 확산해 나갈 우려가 있어 낮은 위치에서 환기에 주의하지 않으면 안 된다.

액체를 다 사용해 아무것도 남지 않은 것처럼 보이는 병이나 캔에도 연소 범위에 있는 농도의 기체가 남아 있어, 이로 인해 인화하는 일도 있다. 용기를 버릴 때는 세정하는 등 반드시 잔류 기체가 남아 있지 않은지 확인한다.

1.6.1 특수 인화물, 제1석유류, 알코올류

● 특수 인화물

1기압에서 인화점이 −20℃ 이하이고 비점이 40℃ 이하인 것은 특수 인화물(위험 등급 Ⅰ)로 분류된다. 특수 인화물은 인화점이 낮고 비점이 1기압에서 40℃ 이하이므로 상온에서도 증기 발생량이 많아 멀리 떨어진 장소에 있는 화기로부터도 인화하므로 가장 위험하다. 디에틸에테르의 인화점은 −45℃이며 인화성 액체 중에서 특히 인화 위험이 크다(지정 수량 50L). 디에틸에테르는 극성 용매로 많은 유기화합물을 용해시키기 때문에 추출 용매로 자주 사용되지만, 비점은 불과 35℃로 한여름에는 비등하는 온도이다.

표 1.12 대표적인 위험물 제4류 물질의 물성표

물질명	인화점(℃) (1기압)	발화점(℃) (1기압)	비점(℃) (1기압)	연소 범위(폭발 범위) 증기/공기 체적비(vol %)	수용성 (비중 물 : 1)
특수 인화물					
이황화탄소	−30	90	46	1.3~50	불(1.3)
아세트알데히드	−27	185	21	4.0~60	가(0.8)
디에틸에테르	−45	160	35	1.9~36	불(0.7)
펜탄	−49	260	35	1.4~8.0	불(0.6)
제1석유류					
아세톤	−18	538	56	2.15~13	가(0.8)
헥산	−38	225	69	1.1~7.5	불(0.7)
벤젠	−11	500	80	1.2~8.0	불(0.9)
가솔린	−40 이하	300	30~220	1.4~7.6	불(0.6~0.7)
초산에틸	−4	426	77	2.0~11.5	난(0.9)
톨루엔	5	480	111	1.2~7.1	불(0.9)
아세토니트릴	9.5	524	82	4.4~16.0	가(0.8)
피리딘	20	482	116	1.8~12.4	가(1.0)
알코올류					
메탄올	11	464	64	6.0~36.5	가(0.8)
에탄올	13	371	78	3.3~19	가(0.8)
1-프로판올	15	371	97	2.2~13.7	가(0.8)
2-프로판올	12	460	82	2.0~12.7	가(0.8)
제2석유류					
경유	45 이상	220	150~320	1.0~6.0	불(0.8)
p-크실렌	27	525	138	1.1~9.0	불(0.9)
1-부탄올	37	365	117	1.4~11.2	가(0.8)
초산	43	427	118	4.0~17.0	가(1.1)
제3석유류					
아닐린	70	615	184	1.2~11	난(1.0)
니트로벤젠	88	480	210	1.8~40	불(1.2)
에틸렌글리콜	116	402	198	3.2~15.3	가(1.1)
글리세린	177	400	290	–	가(1.3)
중유	60~150	250~380	300 이상	–	불(0.9~1.0)
제4석유류					
터빈유	200~270	–	–		불(–)
동식물유류					
정어리유	220	420	–	–	불(0.9)
올리브유	225	343	–	–	불(0.9)
콩기름	282	445	–	–	불(0.9)
면실유	252	343	–	–	불(0.9)

표 1.13 위험물 제4류의 지정 수량과 위험 등급

위험물 제4류	지정 수량(L)	위험 등급
특수 인화물	50	I
제1석유류(비수용성/수용성)	200/400	II
알코올류	400	II
제2석유류(비수용성/수용성)	1000/2000	III
제3석유류(비수용성/수용성)	2000/4000	III
제4석유류	6000	III
동식물유류	10000	III

휘발성이 높아 쉽게 확산되기 때문에 불씨가 있는 곳에서는 절대 사용해선 안 된다. 또 마개를 잠그면 유리 용기가 파열할 수도 있다. 1기압에서 발화점이 100℃ 이하인 것도 특수 인화물로 분류된다. 이황화탄소의 발화점은 90℃로 특수 인화물 중에서는 가장 낮아 매우 위험한 화합물이라고 할 수 있다.

【대표적 물질 예】
디에틸에테르 $CH_3CH_2OCH_2CH_3$, 이황화탄소 CS_2, 산화프로필렌 $H_3C-\overset{O}{\underset{H}{C}}-CH_2$, 아세트알데히드 CH_3CHO 등

● 제1석유류
한편 1기압에서 인화점이 21℃ 미만인 것은 제1석유류(위험 등급 II)로 분류된다. 인화점이 기본적으로는 상온 이하라고 생각되므로 상온에서 취급하는 경우는 근처의 화기로부터 즉석에서 인화할 가능성이 있다. 위험 등급은 II이지만 특수 인화물에 이어 인화 위험이 큰 물질이므로 충분히 조심하지 않으면 안 된다. 특히 가솔린은 비점이 30℃에서 100℃를 넘는 것까지 각종 탄화수소의 혼합물이지만 저비점 성분은 인화점이 낮으므로 화기는 엄금이다.

● 알코올류

알코올류(위험 등급 Ⅱ)에는 탄소 원자수가 3 이하인 1가(OH기가 1개)의 알코올이 분류된다. 인화점은 제1석유류와 거의 같고 상온에서도 인화 위험이 크므로 충분히 주의할 필요가 있다. 제1석유류는 물질의 수용성에 따라 지정 수량이 다르다. 즉, 비수용성 물질을 화재 시에 물로 소화하는 경우 비수용성 물질이 물에 떠올라 퍼져 연소 면적이 확대할 위험성이 있기 때문에 지정 수량이 200L로 작다. 수용성 물질의 지정 수량은 400L이다.

1.6.2 제2석유류, 제3석유류, 제4석유류

● 제2석유류

1기압에서 인화점이 21℃ 이상 70℃ 미만인 것은 제2석유류로 분류된다.

따라서 인화점이 상온 부근인 물질도 포함되어 있다. 인화점이 상온보다는 높은 물질이라 사소한 가열로 액체의 온도가 인화점을 넘기 때문에 사용할 때는 주위에 화기가 없는지 충분히 확인한다.

● 제3석유류

1기압에서 인화점이 70℃ 이상 200℃ 미만이며 1기압 20℃에서 액체인 것은 제3석유류로 분류된다. 제3석유류는 인화 위험이 비교적 작다.

【대표적 물질 예】

중유, 에틸렌글리콜 $HOCH_2CH_2OH$, 글리세린 $HOCH_2CH(OH)CH_2OH$, 아닐린 $C_6H_5NH_2$, 니트로벤젠 $C_6H_5NO_2$ 등

● 제4석유류

1기압에서 인화점이 200℃ 이상, 1기압 20℃에서 액체인 것은 제4석유류로 분류된다. 제4석유류의 물질은 인화점이 높기 때문에 그 증기에 인화할 위험은 작다. 한편, 비점이 높기 때문에 가열에 의해 증기가 되기 전에 열에 의한 분해반응이 일어나 저분자량의 분해가스가 발생하는 일이 있다. 분해가스가 발생하면 본체의 인화점보다 낮은 온도에서 인화할 우려가 있기 때문에 충분히 주의해야 한다.

【대표적 물질 예】

각종 윤활유(터빈유, 실린더유, 모터유), 세바신산디옥틸 $C_8H_{17}OOC(CH_2)_8COOC_8H_{17}$ 등

1.6.3 동식물유류

유지는 긴사슬지방산(표 1.14)과 글리세린의 에스테르(트리글리세리드)로 구성된다. 동식물에서 추출되는 유지(동식물유)로 1기압에서 인화점이 250℃ 미만이며 20℃에서 액체인 것은 동식물유류로 분류된다. 예를 들어 콩기름의 인화점은 282℃, 발연점(분해가스가 발생하기 시작하는 온도)은 236~249℃이다. 발연점을 넘으면 발생한 분해가스가 인화할 위험이 있다. 일반적으로 제4석유류나 동식물유류를 가열 상태에서 사용할 때 연기나 이취가 발생하는 경우에는 분해가스가 발생하고 있을 우려가 있으므로 인화에 충분히 주의해야 한다. 특수 인화물, 제1석유류, 알코올류, 제2석유류 등 위험

표 1.14 긴사슬지방산(고급 지방산)의 예(이중 결합은 모두 시스체)

탄소수 18 스테아린산	$CH_3CH_2CH_2CH_2CH_2CH_2CH_2CH_2CH_2CH_2CH_2CH_2CH_2CH_2CH_2CH_2CO_2H$
탄소수 18 리놀렌산	$CH_3CH_2CH=CHCH_2CH=CHCH_2CH=CHCH_2CH_2CH_2CH_2CH_2CH_2CH_2CO_2H$
탄소수 18 올레인산	$CH_3CH_2CH_2CH_2CH_2CH_2CH_2CH_2CH=CHCH_2CH_2CH_2CH_2CH_2CH_2CO_2H$
탄소수 18 리놀산	$CH_3CH_2CH_2CH_2CH_2CH=CHCH_2CH=CHCH_2CH_2CH_2CH_2CH_2CH_2CO_2H$
탄소수 20 에이코펜타엔산(EPA)	$CH_3CH_2CH=CHCH_2CH=CHCH_2CH=CHCH_2CH=CHCH_2CH=CHCH_2CH_2CH_2CO_2H$
탄소수 22 도코사헥사엔산(DHA)	$CH_3CH_2CH=CHCH_2CH=CHCH_2CH=CHCH_2CH=CHCH_2CH=CHCH_2CH=CHCH_2CH_2CO_2H$

성이 큰 인화성 액체는 위험성을 환기시키기 위해 시약협회 선정 기준인 심볼 마크 혹은 GHS 대응 심볼 마크가 부착되어 있지만(표 1.2 참조), 제3석유류, 제4석유류, 동식물유류에는 심볼 마크가 부착되어 있지 않다.

【대표적 물질 예】
올리브유, 유채씨유, 해바라기유, 면실유, 참기름, 야자유, 정어리유 등

천연 유지는 단일 트리글리세리드를 주성분으로 하는 것이 아니라 여러 종류의 트리글리세리드가 혼합된 물질이다. 일반적으로 지방산 잔기의 이중 결합 수가 많은 글리세리드를 포함한 비율이 높은 유지는 자연발화 위험성이 높은 반면 불포화도가 낮은 올레인산을 지방산 잔기로 하는 트리글리세리드는 자연발화 위험성이 낮다(표 1.15). 예를 들어 올레인산을 지방산 잔기로 하는 트리글리세리드의 함유율이 높은 올리브유는 자연발화 위험성이 거의 없다.

표 1.15 유지의 불포화도(요오드 값)의 대소에 따른 분류

불건성유(100 이하)	올리브유, 낙화생유, 야자유, 피마자기름, 팜유 등
반건성유(100~130)	콩기름, 참기름, 면실유, 유채씨유, 옥수수유 등
건성유(130 이상)	아마인유, 해바라기유, 들기름, 오동나무유, 정어리유 등

한편, 이중 결합을 2개 갖고 있는 리놀산을 지방산 잔기로 하는 글리세리드를 많이 함유한 콩기름은 자연발화 위험성이 있다(그림 1.3).

이중 결합을 3개 가지고 있는 리놀렌산을 지방산 잔기로 하는 글리세리드 함유 비율이 높은 아마인유는 자연발화 위험성이 한층 더 높다.

에이코사펜타엔산(eicosapentaenoic acid; EPA)이나 도코사헥사엔산(docosahexaenoic acid; DHA)은 정어리유 등 어유의 트리글리세리드 지방산 잔기로서 많이 포함되어 있으므로 어유도 자연발화 위험성이 크다. 트리글리세리드 간의 중합이 진행되면 분자끼리 3차원적인 그물코 모양으로 연결된 고분자가 되고, 기름은 유동성이 없어져 고화(건조)한다. 이러한 성질이 강한 기름을 건성유라고 부르고 자연발화할 위험성이 높다.

▶ **칼럼**

인화점이 비교적 높은 동식물유류의 자연발화는 왜 일어날까?

동식물유류에는 다른 인화성 액체에는 없는 공기 중 산소에 의해 일어나는 자연발화 위험이 있다. 튀김 찌꺼기를 방치해 두면 수 시간 후에 자연발화하는 사례도 보고된 바 있다. 일반적으로 위험물 제4류는 발화점 이상으로 가열하지 않는 한 공기에 접해도 자연발화하지 않지만 동식물유류 중 건성유, 반건성유는 상온에서도 공기에 접하기만 해도 자연발화할 위험이 있다. 이 점을 더 고찰해 보자.

글리세린과 지방산 에스테르를 총칭해서 글리세리드라고 하고, 글리세린 3개의 히드록시기 모두가 에스테르를 형성하고 있는 트리글리세리드가 유지의 주성분이다. 트리글리세리드는 3개의 지방산 잔기가 모두 같은 것도 있는가 하면 3개 모두 다른 지방산에 유래하는 것도 있다.

지방산이 가진 C=C 이중 결합의 수는 다양하다. 이중 결합이 인접한 메틸렌기는 공기 중 산소에 의해 산화되기 쉽고, 산화로 생기는 과산화물이나 라디칼이 중합 개시제가 되어 트리글리세리드 사이에서 이중 결합의 중합반응이 일어난다. 일단 중합반응이 시작하면 발열반응이기 때문에 스스로의 발열로 반응은 가속도적으로 격렬해져 발열량이 한층 더 많아진다.

이 열이 발산되지 않고 축적되면 유지는 자연발화한다. 따라서 지방산 잔기의 이중 결합 수가 많은 글리세리드를 포함한 비율이 높은 유지는 자연발화 위험성이 높은 반면 불포화도가 낮은 올레인산을 지방산 잔기로 하는 트리글리세리드는 자연발화 위험성이 거의 없다.

170~180℃에서는 가스레인지, 전자조리기 어느 것을 사용해도 콩기름은 타지 않는다.

282℃(인화점)를 초과하면 가스레인지의 경우는 가스 불로 인화한다.

전자조리기는 화기(점화원)가 없으므로 282℃에서는 기름이 타지 않는다.

콩기름
인화점 282℃
발화점 444℃

기름의 온도가 444℃(발화점)를 초과하면 점화원의 유무와 관계없이 기름이 탄다.

그림 1.3 콩기름의 인화점과 발화점으로 위험도를 생각한다

인화점과 발화점 정보는 위험을 예측하는 데 중요하다. 예를 들어, 콩기름의 인화점은 282℃이고 발화점은 444℃라고 알려져 있는데, 콩기름의 온도가 170~180℃인 경우에는 인화점, 발화점보다 낮기 때문에 화기의 유무에 관계없이 콩기름은 불길이 일지 않는다.

한편, 콩기름의 온도가 282℃를 넘으면 가스불(화기 : 발화원)로는 인화하지만 화기

위험사례 •
주의

(1) 디에틸에테르를 이용하여 추출 작업을 하고 있었는데 몇 미터 떨어진 곳에서 교수의 구두 장식 부분이 금속제 문틀에 접촉하여 생긴 불꽃에 인화했다.

(2) 주유소에서 주유하려고 정전기 제거를 하지 않고 급유구의 커버를 열고 금속 캡을 만졌더니 급유자에 대전되어 있던 정전기가 발생, 불꽃이 가솔린 증기에 인화했다.

가 없는 전자조리기에서 기름은 불타지 않는다. 기름의 온도가 발화점을 넘으면 화기의 유무에 관계없이 공기 중에서는 기름은 불타기 시작한다(그림 1.3).

1.6.4 정전기 인화

정전기의 방전 불꽃은 비단 위험물뿐만 아니라 가연성 가스 등의 발화원으로 작용한다. 수용성 액체에는 약간의 물이 용해되어 있으므로 도전성이 낮아 정전기 발생과 대전 위험은 적다. 그러나 수용성 액체 중에서도 인화점이 낮은 액체는 다른 것(예를 들어, 인체 등)에서 발생하는 정전기 불꽃으로부터 인화한다. 저절로 발생, 대전하는 정전기에 의한 화재 위험이 큰 것은 인화점이 낮은 특수 인화물, 제1석유류, 제2석유류 중 비수용성 액체이다.

정전기 사고의 위험은 사용하는 기구에 의해서도 차이가 있다. 유리나 플라스틱, 고무 깔때기나 호스, 용기 등을 사용해 세차게 흘리거나 용기 속에서 격렬하게 흔들거나 하면 정전기 사고를 일으킬 수 있어 위험하다. 옮겨 담는 경우에도 사고가 일어나기 쉬우므로 주의할 필요가 있다. 기체도 저절로 발생한 정전기에 의한 화재 사고가 일어난다. 메탄, 에탄, 프로판 등 석유계의 도전성이 낮은 가스는 노즐(플라스틱제 등이 위험하다)로부터 격렬하게 분출할 경우에 마찰 정전기가 발생할 위험이 있다.

정전기에 의한 위험을 피하려면 의복의 소재에도 주의해야 한다. 흡습성이 좋은 면 의복은 폴리에스테르, 레이온 의복보다 마찰 정전기 발생량이 적어 가연성 물질을 사용하는 실험에서는 면으로 된 의복을 착용하는 것이 바람직하다(흡습성이 있는 의복은 습도가 높아지면 대전 전위가 현저하게 떨어진다). 정전기에 대해서는 위험한 수준의

면

고전위 대전이 발생하고 있는지 눈으로 보이지 않기 때문에 존재가 눈으로 보이는 발화원보다 한층 더 까다롭다. 정전기를 발생하는 물질이나 대전하기 쉬운 물질이 무엇인지 또 어떻게 하면 정전기가 쉽게 발생하는지를 미리 파악하여 정전기가 발생하지 않도록 주의해야 한다

위험사례 •
주의

유리 깔때기를 사용해 헥산을 유리 플라스크에 흘려 넣던 중 헥산과 깔때기의 마찰로 인해 발생한 정전기의 방전 불꽃이 헥산의 증기에 인화했다.

▋_7. 자기반응성 물질 : 위험물 제5류

위험물 제5류로 분류되는 화학물질은 주위의 화기로부터 인화할 뿐만 아니라 가열, 충격, 마찰 등으로 분해가 일어나 폭발적으로 발화한다. 산소 원자를 포함한 유기화합물은 분해 시에 산소 가스가 발생하여 자기 연소(분해 연소)한다. 저절로 발생하는 산소로 자기 연소하는 물질은 질식 소화를 할 수 없는 것이므로 다루기 힘든 위험물이라고 할 수 있다.

또 제5류에는 과산화물, 니트로화합물, 아조화합물, 디아조화합물 등의 유기화합물에 추가해 금속 아지드류도 포함되어 있다. 과산화물이나 디아조화합물은 라디칼 개시제로서 공업 분야의 중합반응에 주로 이용되고 있다.

【대표적 물질 예】
유기과산화물류 : 과산화벤조일($C_6H_5CO)_2O_2$
질산에스테르류 : 질산메틸 CH_3ONO_2, 니트로글리세린
$O_2NCH_2CH(NO_2)CH_2NO_2$, 질산에틸 $C_2H_5ONO_2$, 니트로셀룰로오스 Cell-$(ONO_2)_{2~3}$
고니트로화합물류 : 피크린산$(NO_2)_3C_6H_2OH$, 트리니트로톨루엔 $(NO_2)_3C_6H_2CH_3$
니트로소화합물류 : 디니트로소펜타메틸렌테트라민 $C_5H_{10}N_6O_2$

아조화합물류 : 아조비스이소부틸니트릴[(CH₃)₂C(CN)]₂N₂

아조화합물류 : 아조비스이소부틸니트릴$[(CH_3)_2C(CN)]_2N_2$

디아조화합물류 : 디아조디니트로페놀 $(NO_2)_2C_6H_2(=O)(=N_2)$

하이드라진의 유도체 : 황산 하이드라진 $NH_2NH_2 \cdot H_2SO_4$

히드록실아민과 그 염류 : 히드록실아민 NH_2OH, 염산히드록실아민 $HCl \cdot$
NH_2OH

금속아지화물류 : 아지화나트륨 NaN_3

기타 제5류 화합물 : 질산구아니딘$(NH_2)_2C=NH \cdot HNO_3$,

1-아릴옥시-2,3-에폭시프로판 $H_2C=CHCH_2OCH_2-\overset{O}{\overbrace{CH_2}}$,

4-메틸렌옥사이드-2-온(디케텐) $H_2C=C\overset{O}{\underset{H_2}{\diagdown C}}=O$

표 1.16에 위험물 제5류에 속하는 몇 개의 열분해성 물질을 나타낸다. 덧붙여 퍼옥사이드는 금속의 첨가 혹은 혼입에 의해 촉매적으로 격렬하게 분해한다. 예를 들어, 메틸에틸케톤 퍼옥사이드의 열분해 온도는 177℃이지만, 철 표면에 생긴 녹과 섞이면 30℃이하에서 격렬하게 분해한다.

위험사례 주의

(1) 과거 영화 필름으로 니트로셀룰로오스가 사용되었지만 이것을 수납하는 용기의 밀봉도가 불완전한데다 고온의 창고에 보관했기 때문에 니트로셀룰로오스가 건조해 발화했다.

(2) 과산화아세틸(유기과산화물)을 실험에 사용하기 위해 금속 스푼으로 칭량하던 중 갑자기 폭발했다.

(3) 히드록실아민을 증류하던 중 온도가 너무 높아졌기 때문에 폭발했다.

(4) 아지화나트륨을 금속 스패튤라로 칭량하다가 폭발이 일어나 손에 부상을 입었다.

(5) 1990년에 도쿄에서 과산화벤조일(benzoyl peroxide; BPO)을 제조하는 화학 공장에서 폭발 사고가 일어나 화재 및 사상자가 나왔다. 고순도 BPO의 정제 또는 소구분 작업 중 일어난 폭발로 여겨진다.

표 1.16 위험물 제5류의 열분해성 물질

과산화벤조일, 니트로셀룰로오스, 니트로글리세린, TNT(화약), 피크린산, 히드록실아민, 염산히드록실아민, 디아조디니트로페놀, 메틸에틸케톤 퍼옥사이드

1_8. 산화성 액체 : 위험물 제6류

위험물 제6류에는 단독으로는 불연성 액체이지만 공존하고 있는 가연성 물질이나 환원성 물질의 발화, 연소를 조장하는 액체 물질이 분류되고 있다. 제6류의 화학물질은 모두 위험 등급 I의 강한 산화력을 갖고 있다. 또 위험물 제1류의 산화성 고체와도 관련성이 크지만, 여기에는 산화적인 불소화반응을 일으키는 불소화합물의 액체도 포함되어 있다. 수용성의 것은 물로 희석하면 위험성을 낮출 수가 있다.

과산화수소는 소독제부터 공업용 산화 시약까지 폭넓게 이용되지만 수용액 온도는 용도에 따라 크게 다르며, 당연히 농도가 높은 것이 더 위험하다. 소독약 옥시돌의 과산화수소 농도는 2.5~3.5%(중량 농도)인데 대해 산화 시약으로 이용되는 과산화수소의 농도는 30~50%, 때로는 70%까지 용도에 따라 다르다. 과산화수소를 실은 탱크로리의 경우 안전한 이동을 위해 농도가 10% 이하인 것에 한정된다.

각종 금속의 촉매작용에 의해 과산화수소 분해가 촉진되어 발열과 함께 산소가 발생한다. 때문에 저장용 용기의 금속 재질이 포함되는 경우는 특별히 지정된 것 이외는 이용해서는 안 된다. 일반적으로 시약 레벨의 과산화수소수는 폴리에틸렌 용기로 공급되고 있다.

질산은 자극 냄새가 있는 무색인 액체이며, 산화성이 강한 산화제로서 작용한다. 진한 질산은 햇빛에 의해 분해되어 이산화질소가 생기기 때문에 황갈색이 된다. 때문에 진한 질산은 갈색 시약병에 넣어 냉암소에서 보관해야 한다. 일반적으로 질산은 그 수용액을 나타내며 널리 시판되고 있는 비중 1.42의 것(공비혼합물)은 69.8%의 질산을 포함한다. 일반 질산보다 농도가 높은(농도 98%) 수용액은 발연 질산이라고 불린다. 많은 금속은 질산과 반응해 염을 형성해 용해한다. 다만 백금, 금은 용해하지 않는다.

질산은 극물이어서 피부나 입, 식도, 위 등에 침투하고 발연 질산을 흡입해도 기관을 침투해 폐렴을 유발한다. 질산이 피부에 묻으면 크산토프로테인 반응에 의해 피부는 오렌지에서 갈색이 되고, 그 후 해당 부분이 각질화해 탈락한다.

【대표적 물질 예】
과염소산 $HClO_4$, 질산, 발연 질산 HNO_3, 과산화수소 H_2O_2, 삼불화브롬 BrF_3, 오불화브롬 BrF_5

위험사례 ●

(1) 가열한 진한 질산이 실험복에 묻어 발화했다.

(2) 고농도의 과산화수소를 다른 반응 용기로 옮기기 위해 주사기로 빨아 올리던 중 주사기 내부에 부착해 있던 금속가루가 촉매가 되어 과산화수소가 급격하게 분해, 발생한 산소의 내부 압력으로 주사기가 파열했다.

1_9. 혼합위험에 대해

2종류 이상의 물질을 서로 섞을 때는 폭발, 발화하는 혼합위험(또는 혼촉위험)에 충분히 주의하지 않으면 안 된다. 또 혼합에 의해 유독한 화학물질이 발생해 건강 피해를 입을 수 있다는 점에도 유의한다.

표 1.17에는 위험물 제1류부터 제6류까지의 조합으로 혼합위험 가능성이 있는 것을 ×라고 표시했다. ○는 혼합위험이 없는 조합이다.

표 1.17 서로 섞이면 폭발 및 발화하는 혼합위험 우려가 있는
위험물의 조합

	제1류	제2류	제3류	제4류	제5류	제6류
제1류	○	×	×	×	×	○
제2류	×	○	×	○	○	×
제3류	×	×	○	○	×	×
제4류	×	○	○	○	○	×
제5류	×	○	×	○	○	×
제6류	○	×	×	×	×	○

* ×표가 붙어 있는 위험물이 혼합하면 혼합위험이 발생한다.
* 「위험물의 규제에 관한 규칙」의 「별표 제4」에서 인용

예를 들면 제1류 위험물은 제1류, 제6류와 서로 섞여도 위험하지 않지만, 제2류~제5류 위험물에 접촉하면 폭발, 화재 위험성이 있다.

예를 들어, 에탄올(제4류)과 진한 질산(제6류)이 혼합하면 격렬한 발열이 일어나 폭발적으로 발화한다. 이 경우는 산화성 위험물과 가연성 위험물이 서로 섞이기 때문에 대단히 위험하다. 또 위험물끼리 조합하지 않아도 2종 이상의 물질이 혼합했을 때 화학변화를 일으켜 폭발 위험성이 높은 폭발성 화합물이 생기는 일도 있다. 일례로 질산은과 암모니아수가 혼합하면 화학반응이 일어나 Ag_3N(질화은)과 $AgNH_2$가 생성한다. 이 혼합물은 뇌은(雷銀)이라고 불리며 사소한 마찰로도 폭발한다.

2종류 이상의 물질이 서로 섞이면 유독가스가 발생하는 경우에도 충분히 조심해야 한다. 예를 들어 질산염이나 식염을 진한 황산에 혼합하면 아질산가스나 염화수소가 각각 발생한다. 또 식(1.2)에 나타낸 것처럼 차아염소산나트륨과 염산을 혼합하면 맹독의 염소 가스가 발생하고, 시안화나트륨이나 황화나트륨과 염산을 혼합하면 맹독의 청산(시안화수소)가스와 황화수소가 각각 발생한다[식(1.3), 식(1.4)].

차아염소산염 $NaClO + 2HCl \rightarrow Cl_2$(염소) $+ NaCl + H_2O$ (1.2)

시안화물 $NaCN + HCl \rightarrow HCN$(시안화수소)   (1.3)

황화물 $Na_2S + 2HCl \rightarrow H_2S$(황화수소) $+ 2NaCl$ (1.4)

● 실험실에서 발생할 우려가 있는 혼합위험

확립된 반응에서는 실험서에 기재되어 있는 주의사항을 지키는 한 혼합위험이 일어날 우려는 없지만 잘못된 방법이나 난폭하게 조작을 하면 혼합위험이 일어날 위험성이 있다. 2종류 이상의 화학물질을 혼합하는 경우는 안전이 확인된 실험서의 조작 순서를 준수해야 한다.

근거 없이 순서를 바꾸면 사고가 일어날 수 있다. 또 새로운 실험을 시작할 때는 혼합위험의 가능성에 대해 충분히 주의해야 한다. 대부분의 화학 실험에는 혼합위험이 잠재되어 있으므로 조작법이 학립되어 있지 않은 경우는 발열이나 가스 발생 유무를 확인하면서 신중하게 혼합해야 한다. 또 함부로 버리는 폐액도 혼합위험의 원인이 된다.

주의

위험사례 •

(1) 무수크롬산에 아세톤을 첨가했더니 큰 발열이 일어나 아세톤이 폭발적으로 발화했다.

(2) 환원반응에서 순서를 틀려 분말의 수소화알루미늄리튬 위에 탈수 정제를 하지 않은 디에틸에테르를 첨가했더니 격렬하게 발열, 수소화알루미늄리튬이 분해 폭발해 플라스크가 산산조각이 났다.

반응뿐 아니라 실험에서 사용하고 난 화학물질을 폐기할 때에도 혼합위험은 생긴다. 폐기하는 화학물질을 종류별로 정리할 때는 서로 섞여도 혼합위험이 일어나지 않는지 확인한 뒤 용기로 옮긴다. 이때 확실히 확인하기 위해서는 폐기물을 넣는 용기에도 라벨을 붙여 내용물을 알도록 해야 한다. 하수도에 직접 배출할 때도 환경오염 우려가 없는 물질이라도 실험계 폐수는 모두 회수하고 실험기구 역시 2차 세정수까지 회수하여야 한다(제9장 참조).

지진 등으로 시약병이 선반으로부터 낙하하면 복수의 용기가 파손해 섞일 위험성이 있다(사진 1.2). 이러한 사고는 지진 때 등에 이공계 대학에서 발생하는 화재의 원인이

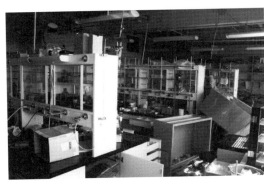

사진 1.2 동일본 대지진으로 전도된 시약 선반
쓰쿠바대학 이치카와아츠시 제공. 고정되어 있던 시약 선반은 쓰러지지 않았다.

된다. 이러한 위험을 피하기 위해 선반이나 캐비닛이 넘어지지 않게 고정하고 선반에 올려놓는 경우는 용기가 떨어지지 않도록 대책을 세울 필요가 있다. 선반 등에서의 낙하를 방지하는 것만으로는 충분하지 않다.

만일 서로 섞여도 혼합위험이 발생하지 않게 혼합위험이 발생할 우려가 있는 물질은 서로 떨어진 장소에 보관해 둔다. 특히 위험물이나 독물은 엄중한 관리하에 적정한 분량을 보관한다.

실제로 대지진 발생 직후 화학계 실험실에서 일어난 사고를 통해 다음의 교훈을 얻었다.

교훈 벽면이나 바닥 등에 고정되어 있지 않은 캐비닛이나 시약 선반 등은 넘어진다.

교훈 약품 선반의 미끄럼 방지 판자는 불충분하므로 철사를 1개 추가하면 병의 전락 방지에는 효과가 있다.

1_10. 위험물의 지정 수량과 위험 등급

소방법에서 위험물은 위험성에 따라 제1류에서 제6류로 분류되고 있다는 것을 살펴봤는데 마찬가지로 위험성을 고려한 지정 수량이 정해져 있다(권말의 부표 2 참조). 지정 수량은 값이 작을수록 위험성이 크다.

저장량을 지정 수량으로 나눈 값이 지정 수량의 배수이지만 그 값이 1 이상인 경우에는 소방법의 적용을 받는다. 또 0.2~1 미만인 경우에는 각 시읍면의 화재 예방 조례에 따라 규제된다. 실험실의 경우에는 기본적으로는 1 방화 구획당 수량이 된다. 지정 수량은 아래와 같은 식(1.5)에 따라 계산한다. 종류가 다른 경우에도 저장량을 지정 수량으로 나누어 배수를 합해 계산한다.

$$\frac{A의\ 저장량}{A의\ 지정\ 수량} + \frac{B의\ 저장량}{B의\ 지정\ 수량} + \frac{C의\ 저장량}{C의\ 지정\ 수량} + \cdots = \frac{지정\ 수량의}{배수} \qquad (1.5)$$

예를 들어 디에틸에테르는 위험물 제4류 특수 인화물에 해당하고 지정 수량은 50L이다. 따라서 10L를 실험실에 가지고 들어오는 경우 지정 수량의 배수는 이것만으로 0.2가 되어 다른 위험물은 들여올 수 없다. 필요 최소량을 구입해 사용하거나 위험물

창고로부터 소구분해 소량을 들여와야 한다.

위험 등급은 위험물의 위험성에 대응해 I부터 Ⅲ까지 구분되고 있고, 등급에 따라 운반 용기의 재질이나 최대 용량 등이 정해져 있다(용기의 상세에 대하여는 위험물의 규제에 관한 규칙 별표 제3, 제3의2, 제3의3, 제3의4 참조). 위험 등급 숫자가 작을수록 위험성이 높은 것을 나타내며 보다 튼튼한 용기에 수납할 필요가 있다(권말의 부표 2를 참조)

예를 들어 가솔린(위험물 4류, 제1석유류, 위험 등급 Ⅱ)은 금속제 용기는 용량 30L 까지, 플라스틱 용기를 사용하는 경우에는 10L까지로 정해져 있다. 즉, 18L 플라스틱 용기에 넣어 가솔린을 운반할 수 없고 일반적으로 금속 휴대 캔에 넣어서 옮긴다. 한편 등유(위험물 4류, 제2석유류, 위험 등급 Ⅲ)는 18L 플라스틱 용기로 구입할 수가 있다.

문 제

1. 화학물질 안전성 데이터 시트에 기재해야 할 내용은 무엇인가?
   ① 조성 및 성분 정보　　　② 위험 유해성　　　③ 안정성 및 반응성
   ④ 적용 법령　　　⑤ ①~④의 모두를 기재해야 한다

2. GHS 대응에 의거하는 다음의 심볼 마크는 어떠한 위험성, 화합물을 나타내는가?

   ① 지연성/산화성 가스　　　② 고압가스　　　③ 수생 환경 유해성
   ④ 급성 독성　　　⑤ 금속 부식성 물질
   ⑥ 자연발화성 물질 및 금수성 물질

3. 다음의 화합물 가운데 위험물 제2류로 분류되는 것은 무엇인가?
   ① 염소산칼륨　　　② 마그네슘　　　③ 칼륨
   ④ 나트륨　　　⑤ 메틸리튬

4. 다음 가운데 위험물 제5류의 성질을 나타내는 것은 무엇인가?
   ① 산화성 고체　　　　　② 가연성 고체　　　　　③ 인화성 액체
   ④ 자기반응성 물질　　　⑤ 산화성 액체

5. 자연발화성 물질 및 금수성 물질은 소방법에서는 위험물 제 몇류에 속하는가?
   ① 제1류　　　　　　　　② 제2류　　　　　　　　③ 제3류
   ④ 제4류　　　　　　　　⑤ 제5류　　　　　　　　⑥ 제6류

6. 인화점 23℃ 미만, 비점 35℃를 넘는 인화성 액체는 GHS 구분에서는 어떤 구분에 속하는가?
   ① 구분 1　　　　　　　② 구분 2
   ③ 구분 3　　　　　　　④ 구분 4

7. 위험물 제3류 물질 가운데 자연발화성, 금수성의 양쪽 위험을 모두 가진 물질은 무엇인가?
   ① 나트륨　　　　　　　② 리튬　　　　　　　　　③ 황린
   ④ 탄화칼슘　　　　　　⑤ 알킬리튬

8. 소방법에서는 위험물 제4류의 인화성 액체는 인화성의 강도(인화점의 높고 낮음)를 기준으로 몇 종류로 분류되는가?
   ① 분류되어 있지 않다　　② 3종류　　　　　　　③ 5종류
   ④ 6종류　　　　　　　　⑤ 7종류

9. 혼합위험이 있는 조합은 어느 것인가?
   ① 위험물 제1류와 위험물 제6류　　　② 위험물 제2류와 위험물 제3류
   ③ 위험물 제3류와 위험물 제5류　　　④ 위험물 제4류와 위험물 제5류
   ⑤ 위험물 제5류와 위험물 제5류

10. 위험물 제5류와 혼합위험이 있는 화합물은 무엇인가?
    ① 위험물 제1류　　　　② 위험물 제2류　　　　③ 위험물 제3류
    ④ 위험물 제4류　　　　⑤ 위험물 제5류　　　　⑥ 위험물 제6류

11. 같은 류의 위험물에 속하는 조합은 어떤 것인가?
    ① 과망간산칼륨과 과산화벤조일　　　② 알루미늄과 나트륨

③ 과염소산과 염소산칼륨　　　　　④ 아연과 디에틸아연

⑤ 질산과 과산화수소

12. 다음의 화합물 가운데 수중에서 보존하는 것은 무엇인가?

① 나트륨　　　　　　　　② 황린　　　　　　　　③ 칼륨

④ 탄화칼슘　　　　　　　⑤ 디에틸아연

13. 다음의 화합물은 모두 산소를 내 가연물과 반응해 화재나 폭발을 일으키는 고체이며 산화성 고체로 분류된다. 화합물명은 화학식으로 화학식은 화합물명으로 나타내라.

① 염소산칼륨　　　　　　② $NaIO_4$　　　　　　③ 과망간산칼륨

④ NH_4BO_3

14. 다음의 화합물 가운데 [자연발화성 물질 및 금수성 물질]로 분류되는 화합물은 무엇인가?

① 에탄올　　　　　　　　② 나트륨　　　　　　　③ 디에틸아연

④ 아세톤　　　　　　　　⑤ 3염화인

15. 다음의 위험물 제4류 가운데 위험 등급 II에 해당하는 것은 무엇인가?

① 특수 인화물　　　　　② 제1석유류　　　　　③ 알코올류

④ 제2석유류　　　　　　⑤ 제3석유류　　　　　⑥ 제4석유류

⑦ 동식물유류

16. 약품을 잘못 혼합하면 자주 사고로 연결된다. NaClO와 염산을 혼합하면 안 되는 것은 왜인지? 또 황화나트륨과 염산을 혼합하면 안 되는 것은 왜인지? 화학반응식을 써서 설명하라.

17. 다음에 든 위험물을 보관하고 있는 실험실은 지정 수량의 몇 배가 될까?

특수 인화물(3L), 제1석유류(비수용성, 10L), 알코올(10L), 제2석유류(비수용성, 5L)

① 0.10　　　　　　　　② 0.12　　　　　　　　③ 0.14

④ 0.16　　　　　　　　⑤ 0.18

2장 실험실 화재 대처법

실험실에서 가장 많은 사고는 화재이다. 세심한 주의를 기울인다고 해도 위험물이나 가연성 가스를 사용하고 있는 장소에서는 사소한 원인으로 화재가 발생한다. 그러나 실험실에서 발생하는 소규모 화재는 침착하고 신속하게 적절히 대처하면 대부분의 경우 용이하게 소화할 수 있다.

한편 실험실 화재는 일반 건물의 화재와는 소화 방법이 다르며, 특히 다양한 약품이 놓여 있어 간단하지 않다. 무엇보다 위험물의 화재에서는 불타고 있는 물질에 따라 소화 방법이 다르므로 적절한 소화 방법을 알아야 한다.

소화기는 종류에 따른 특성을 제대로 알아 둬야 하며, 불타고 있는 것이나 주위 상황을 바로 파악해 가장 적절한 소화기를 사용한다. 잘못된 방법으로 소화기를 사용하면 화재의 위험을 확대시킬 우려가 있다. 이번 장에서는 다양한 종류가 있는 소화기의 특성을 근거로 실험실 내에서 화재가 발생했을 때 이용해야 할 소화기와 취해야 할 행동에 대해 설명한다. 또 화재를 미연에 방지하기 위해 평소 조심해야 할 점에 대해서도 해설한다.

2_1. 소화기의 소화 원리(소화 작용)

연소란 열과 빛을 발하는 격렬한 산화반응을 말하며, 물건이 타기 위해 불가결한 연소의 3요소를 다음에 나타낸다.

(1) **가연물** : 불타는 것이 존재하고 있다.

(2) **산소의 공급** : 일반적으로는 공기 중의 산소. 산화성 물질이 존재하고 있으면 고농도의 산소가 공급되므로 보다 격렬하게 불탄다.

(3) **에너지의 공급** : 산화반응이 개시되기 위해서는 에너지가 필요하다. 이것을 공급하는 것을 발화원, 착화원, 점화원 등이라고 한다. 일단 불타기 시작하면 스스로의 연소열이 에너지의 공급원이 되어 연소가 계속한다.

소화하려면 상기의 3요소 중 어느 하나라도 없애면 불은 꺼진다. 일반적으로 소화에 임해서는 다음에 나타내는 소화의 4가지 작용에 유의할 필요가 있다.

(i) **제거작용** : 불타는 것을 제거한다.

(ii) **질식작용** : 산소의 공급을 끊는다.

(iii) **냉각작용** : 불타고 있는 것의 온도를 내려 산화반응에 필요한 에너지의 공급을 차단한다.

(iv) **억제작용** : 산화반응을 지연시켜(부촉매작용) 연소열을 줄여 연소의 계속을 방지한다.

2_2. 소화기의 종류

화재를 불타고 있는 물질에 따라 분류하면 목재를 주로 하는 건물 등의 화재(일반화재), 유류 화재(기름화재), 통전 중인 전기설비 등의 화재(전기화재), 특수하지만 금속류가 불타는 화재(금속화재) 등이 있으며 각각 A화재, B화재, C화재로 분류된다. 소화기는 이들 모든 화재를 안전하고 효과적으로 소화할 수 있다고는 할 수는 없다. 그러므로 시판되고 있는 소화기에는 어느 화재에 대해 유효한지를 나타내는 사용 구분이 표시되어 있다(표 2.1, 사진 2.1)

표 2.1 소화기의 사용 구분

라벨 색	화재의 종류	유효한 화재
백색	A화재(일반화재)	목재, 종이 등의 화재에 유효
황색	B화재(기름화재)	가솔린 등 유기용제의 화재에 유효
청색	C화재(전기화재)	통전 중인 전기설비, 기기류의 소화에 유효

사진 2.1 소화기의 사용 구분
표시 예

　불타고 있는 것이나 화재의 규모에 따라 적절한 소화기(소화제)를 선택해 소화하는 것이 매우 중요하다. 수계 소화기에는 다음의 것이 있다.

물 소화기 : 몇 가지 종류가 있지만 순수한 물을 이용하고 침윤제 등을 추가해서 축압식으로 분무하는 형태가 일반적이다.

강화액 소화기 : 탄산칼륨을 용해시킨 수용액(pH 대략 12의 강알칼리)을 축압식으로 분사한다.

기계포 소화기 : 계면활성제 수용액을 방사 시에 노즐로부터 공기를 넣어 발포시켜 분사한다.

화학포 소화기 : 탄산수소나트륨 수용액과 황산알루미늄 수용액을 약제로 하며 두 성분이 서로 섞였을 때 발생하는 탄산가스의 압력으로 분사한다. 발생하는 수산화알루미늄의 거품을 안정화시키기 위해 사포닌 등이 혼입되어 있다.

　이상은 일반적으로 사용되고 있는 소화기이지만 화학 실험실의 화재에는 적합하지 않다. 오히려 실험실 화재의 소화에는 물이나 약제의 수용액을 사용하는 소화기는 사용하지는 않는다. 왜일까. 실험실 화재의 소화에 물을 사용하면(살수 소화, 주수 소화) 다음과 같은 문제를 일으킬 수 있다.

- 물을 끼얹으면 물에 녹지 않고 물보다 가벼운 액체는 물의 표면에 퍼지므로 화재 범위가 확대한다.
- 불타고 있는 금속에 물을 부으면 수소 가스가 발생해 가스도 불타므로 불기운이 강해진다.
- 물과 반응해 새롭게 발화하는 물질이 있다.
- 물과 반응해 유독가스를 발생하는 물질이 있다.
- 콘센트, 전기기기 등에 물이 묻으면 누전이나 감전 등 2차 재해가 일어날 가능성이 있다.

그러면 화학계 실험실에서 사용할 수 있는 적절한 소화기는 무엇일까. 기본적으로 이용해야 할 소화기는 다음에 나타낸 탄산가스 소화기, ABC 소화기라고 불리는 분말 소화기 그리고 마른 모래이다.

또한 비수계 소화기로는 할론 1301 소화기 : 성분($CBrF_3$)도 있지만 오존층 파괴물질이기 때문에 미술관 등의 일부 장소에서만 사용된다.

● 탄산가스 소화기

소화 약제는 이산화탄소이고, 탄산가스 소화기에는 가압 액화 상태의 이산화탄소가 들어 있다. 소화기의 레버를 잡으면 용기 내에서 기화된 탄산가스의 압력으로 액화 이산화탄소가 방출관을 통과해 나와서 혼 내에서 단열 팽창하여 드라이아이스 분말이 되어 분출한다.

자체의 압력으로 분출하기 때문에 자압식이라고 불린다. 예를 들면 알코올이나 에스테르 등 유기용제 화재의 소화에는 탄산가스 소화기가 효과적이다.

실내에서 사용하는 데는 문제가 되지 않지만 바람이 강한 옥외에서는 드라이아이스가 날아가 탄산가스가 빨리 확산해 버리는 약점이 있다. 드라이아이스에 의한 냉각작용과 탄산가스로 타고 있는 것을 둘러싸서 공기의 접촉을 차단하는 질식작용을 하며 기름화재(유기용제의 화재)나 전기화재(통전 중인 배선, 전기기기 등의 화재)에 적합하다.

한편, 내부에 불씨가 남을 우려가 있는 목재 등의 화재(일반화재)에는 소화 약제가 곧바로 확산해 버리므로 적합하지 않다. 탄산가스 소화기는 레버에서 손을 떼면 약제의 방출은 멈춘다.

또 소화기 내의 액화 이산화탄소가 없어질 때까지 반복해 사용할 수 있다. 다만, 액화 이산화탄소가 어느 정도 남아 있는지는 소화기 전체의 중량을 측정하지 않으면 알 수 없기 때문에 정기적으로 교환하는 것이 바람직하다. 방사 시간은 15~18초(높이 50~60cm의 일반적인 사이즈), 방사 거리는 2~4m인 것이 많다.

방사되는 소화제가 드라이아이스이므로 소화 후 약제가 남지 않아 주위를 더럽히지 않고, 약제가 닿아도 장치류가 손상될 우려가 없는 것은 이점이라고 할 수 있다.

● ABC 소화기

소화 약제로 분말을 사용하는 것을 분말 소화기라고 총칭한다. 한편 ABC(분말) 소화기(가압식과 축압식)라고 칭하는 것은 화재의 분류, 즉 A화재(일반화재), B화재(기름화재), C화재(전기화재)에 대응하고 있기 때문이다. ABC 소화기는 인산이수소암모늄 $NH_4H_2PO_4$(ABC 분말이라고 한다)을 사용한다. 분말 소화기에 사용하는 분말로는 그 밖에 탄산수소나트륨, 탄산수소칼륨(탄산수소칼륨과 요소의 반응 생성물)이 있지만, 인산이수소암모늄 약제는 다른 분말과 식별하기 위해 옅은 핑크로 착색하도록 정해져 있다.

소화작용은 인산염에 의한 억제작용과 분말이나 방사 가스로 감싸는 질식작용이다. 일반화재는 물론 기름화재, 전기화재에도 적응할 수 있고, 게다가 약제가 불타고 있는 것에 달라 붙어 남기 때문에 재발화 위험도 적다. 인산염에 독성은 없지만 만약 눈에 들어가면 충분히 세안해야 한다. 소화 능력은 탄산가스 소화기보다 높지만 실험실 내에서 사용하는 경우는 인산염 수용액이 약산성인 점에 주의할 필요가 있다. 인산염이 기기류의 내부에 들어가면 금속 부품이 녹슬기도 하며, 정밀기기의 경우는 분해해서 청소해야 한다.

인산염은 자력으로 분사할 수 없기 때문에 분말을 분사하기 위한 가압용 가스를 내장할 필요가 있다(그림 2.1).

가압 가스를 내장하는 방식에는 가압식과 축압식이 있다. 가압식 소화기는 레버를 잡으면 커터(펀치)가 내장되어 있는 가압용 가스(액화 탄산가스) 용기의 봉판을 뚫고 도입관을 통과해 가압용 가스가 소화기 내에 들어간다. 그 가스압으로 인산염은 방출관을 통해 호스로부터 분출한다.

소형의 경우 방사 시간은 대략 15초, 방사 거리는 3~5m이다. 본체에 부식된 부위

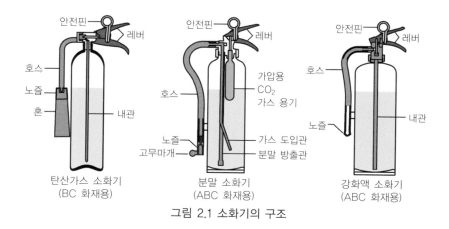

안전핀 레버	안전핀 레버	안전핀 레버

탄산가스 소화기
(BC 화재용)

호스
노즐
혼
내관

분말 소화기
(ABC 화재용)

호스
가압용 CO₂ 가스 용기
노즐
고무마개
가스 도입관
분말 방출관

강화액 소화기
(ABC 화재용)

호스
노즐
내관

그림 2.1 소화기의 구조

(특히, 저부가 녹이 슨 경우가 많다)가 있으면 가스압으로 본체가 파열하는 사고가 일어나므로 본체가 부식하지 않게 주의해 보관한다.

축압식 소화기는 용기 내에 0.7~0.98MPa의 질소 가스가 봉입되어 있어, 레버를 조작하면 질소 가스의 압력으로 약제가 방출된다. 축압식은 분사용 가스가 누설되는 일이 있으므로 부속 게이지에서 가스압을 확인해 둔다. 가압식, 축압식 모두 한 번 사용하면 가압용 가스의 압력이 저하한다. 따라서 사용은 1회로 한하고 사용 후에는 업자가 약제를 다시 채워 넣는다 .

● 마른 모래, 팽창 질석, 팽창 진주암

탄산가스 소화기는 나트륨이나 칼륨, 알루미늄 등의 금속화재 소화에는 적합하지 않다.

또 금속이 탈 때에 물 또는 수용액을 소화제 약제로 하는 소화기를 사용하면, 곧 수소 가스가 발생하여 폭발이 일어나 화재가 오히려 확대한다. 화학계 실험실에서는 금속류 화재의 소화에 필요한 소화제로서 마른 모래를 준비해 둔다(사진 2.2). 모래 이외에도 팽창 질석(별명 버미큘라이트), 팽창 진주암(별명 펄라이트)을 이용하는데, 이들은 모두 규산염이다. 소화 작용은 모두 타고 있는 금속을 둘러싸서 공기의 접촉을 차단하는 질식작용이다. 건조 모래는 사용이 쉽고, 실험실에서 발생한 작은 금속화재는 확실하게 소화할 수 있는 이점이 있다. 건조 모래는 물통이나 상자에 넣어 습기가 생기지 않도록 보관해 둔다.

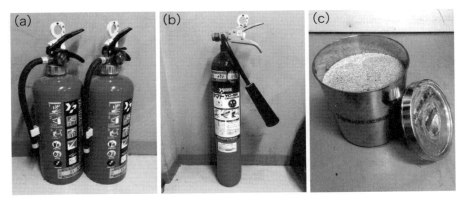

사진 2-2. 각종 소화기(a.b)와 건조 모래(c)
(a) 분말(ABC) 소화기 (b) 탄산가스 소화기 (c) 건조 모래

● 금속화재용 소화기

금속화재용 소화기는 소화제인 알칼리염화물(KCl, NaCl)이 들어 있고 질소 가스의 압력으로 방사한다. KCl(융점 776℃), NaCl(융점 801℃)이 고온에서 용융할 때 일어나는 용해 잠열에 의한 냉각작용과 용해한 KCl, NaCl의 덩어리로 감싸는 질식작용으로 소화한다. 방사 여파로 가벼운 금속박, 금속분말이 불탄 채 날아갈 우려가 있는 점에는 주의가 필요하다.

2_3. 실험실 화재에 대처

2.2절에서 말한 것처럼 탄산가스 소화기, 분말(ABC) 소화기, 건조 모래 중 어느 것도 만능은 아니다. 그러면 실험실에서 화재가 실제로 발생했을 때 어느 소화기를 사용하면 좋을까. 기기에 미치는 손상 정도를 고려하여 연소 물질과 화재의 규모에 따라 소화기를 구분하여 사용해야 한다. 다음에 지침을 정리한다.

(1) 금속류의 화재는 건조 모래를 사용해 소화한다.
(2) 기타(유기용제, 플라스틱류, 종이, 통전 중인 전기설비나 기기류) 화재는 탄산가스 소화기, 분말(ABC) 소화기 중 어느 것을 사용해도 소화할 수 있다. 화재의 상황에 따라 구분하여 사용한다.
(3) 화재 범위가 한정된 좁은 범위나 화재 초기 단계에서는 일반적으로 탄산가스 소화기를 사용한다. 쓰레기통 안에서 종이가 불타는 경우에도 탄산가스 소화기를 사용할 수 있다.

(4) 대량의 유기용제가 넓은 범위에 넘쳐 흘러 불타고 있고, 초기 소화를 하지 못해 화재가 주위로 확대할 것 같은 상황에서는 소화 능력이 높은 ABC(분말) 소화기를 사용한다 .

(5) 실험실 밖에서는 망설일 것 없이 ABC(분말) 소화기를 사용하면 되지만 기기류를 손상시킬 우려가 있는 실험실 내의 화재 시에는 탄산가스 소화기를 사용해야 하는데, 당황한 나머지 ABC(분말) 소화기를 사용하지 않도록 주의한다.

● 화재가 발생했을 때의 침착한 행동

대규모로 실험하고 있는 장소에서 화재가 발생했을 경우 모두가 같은 생각으로 행동하지 않으면 혼란이 생겨 재해가 확대될 우려가 있다. 실험실에서 화재가 발생했을 때

▶ 칼럼

소화기 사용법

① 상부의 안전핀을 뽑는다(사진 2.3).
② 혼, 호스를 발화 장소로 향한다. 분말 소화기 호스 끝의 캡은 벗기지 않아도 방출되는 약제의 힘에 의해 분리된다.
③ 레버를 강하게 움켜쥔다. 소화기는 세로 위치로 사용한다(껴안듯이 가로 방향으로 사용하면 충분히 방출할 수 없다). 불타고 있는 것으로부터 2m 정도 떨어진 위치에서 화염의 근원을 향해 약제를 방사하고 상황을 보면서 접근한다. 처음부터 가까운 거리에서 방사하면 약제가 분출하는 압력에 의해 불타고 있는 것이 비산할 우려가 있다.

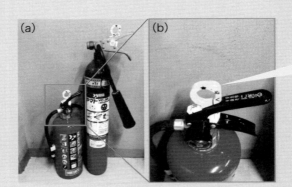

사진 2.3 소화기(a)의 상부 확대 사진(b)

는 불을 낸 당사자는 냉정함을 잃기 마련이고, 그 상태에서 소화하려고 하면 오히려 피해를 키울 수 있다는 점을 명심해야 한다. 불을 낸 당사자는 무엇보다 먼저 주위 사람들에게 화재의 발생을 알리고 주위 사람(소화기에 가까운 사람)이 소화를 담당한다.

또 근처로 불길이 번질 것 같은 물건이 있으면 신속하게 안전한 장소로 이동시킨다. 실험은 화재, 중독, 산소 결핍 발생, 감전 등 생명을 위협하는 위험이 있는 만큼 기본적으로 이상을 감지하고 도움을 줄 수 있는 사람이 근처에 있는 상황에서 시행한다. 혼자 실험을 하다가 화재가 나면 당사자는 냉정한 판단을 할 수 없다. 낮이건 밤이건 가급적이면 혼자서 실험을 해서는 안 된다.

2_4. 화재 사고에 대비한 일상 준비

방재 대책을 소홀히 하지 않고, 만일의 경우에 설비가 정상적으로 작동하도록 평소에 점검해 두는 것과, 방재 의식을 높이는 것이 무엇보다도 중요하다. 화재 발생에 대비해 평소부터 주의해야 할 사항에 대해 다음에 정리한다.

(1) 실험실 내 시약 보관량은 최소로 한다

실험실 내에 반입하는 위험물은 그날의 실험에 필요하고 충분한 최소한의 양으로 한다. 필요 이상의 양을 실내에 두면 화재의 규모를 키울 수 있다. 또 약제 유리병은 넘어지기 쉬운 실험대 선반이 아닌 아래의 수납고에 둔다.

(2) 피난로를 확보해 둔다

방의 출입구(긴급시의 피난로)는 두 곳 이상을 확보한다. 실험 중에 발 밑에 방해가 되는 물건을 두면 위급 시 위험 회피 행동이나 피난에 방해가 된다. 복도나 비상계단 부근에는 피난에 방해가 되는 물건을 두어서는 안 된다.

(3) 평소 방화설비를 점검한다

방화문, 방화 셔터가 확실히 닫히도록 부근에 방해가 되는 물건이 놓여 있는지를 평소 정기적으로 점검한다. 방화문, 방화 셔터는 연소를 방지할 뿐만 아니라 흘러온 연기에 의한 일산화탄소 중독 등의 중대한 사고를 막기 위해서도 필요한 방재 설비이다.

(4) 긴급 샤워 시설과 세안기는 긴급 시에 안전하게 사용할 수 있는 상태인지 점검한다(사진 2.4)

가끔 물을 틀어 정상적으로 동작하는지 확인한다.

(5) 소화기는 정해진 장소에 적절한 수를 비치한다

상비되어 있는 소화기의 위치를 기억해둔다. 야간의 정전에 대비해 손전등을 상비해 둔다. 소화기는 어둠 속에서도 빠르고 안전하게 손에 잡힐 수 있는 장소에 놓아두는 것이 바람직하다. 지진 등으로 물건이 흩어져 있는 상태에서는 설치 장소에 도착하는 것조차 어려울 수 있다.

사진 2.4 긴급 샤워 시설(a)과 세안기(b)

(6) 실험에서 사용하는 의복의 소재에 유의한다

면으로 된 의복은 불꽃을 뿜으며 신속하게 불타지만 재만 조금 남을 뿐이다. 한편 폴리에스테르, 나일론 의복은 불길이 서서히 확대하지만 용해하면서 불타 용해한 것이 피부에 융착할 우려가 있다. 고열의 용해물이 피부에 융착하여 화상이 깊어지는 것을 생각하면 실험에서 사용하는 의복은 불타기 쉽지만 피부에 융착하지 않는 면 소재의 것이 바람직하다.

 문 제

1. 기름화재 시에는 어느 라벨이 붙은 소화기를 사용해야 하는가?
   ① 백색 라벨　　　　　② 황색 라벨　　　　　③ 청색 라벨
   ④ 어느 색의 라벨이라도 좋다.　⑤ 기타 색

2. 실험실 화재의 소화에 기본적으로 사용해서는 안 되는 소화기는 무엇인가?
   ① 탄산가스 소화기　　　② 분말(ABC) 소화기　　　③ 마른 모래
   ④ 물 소화기　　　　　　⑤ ①~④의 모두를 이용해도 괜찮다.

3. 주사기의 바늘이 어긋나 측정한 디에틸아연이 새서 불길이 튀었다. 어느 소화기로 소화하면 좋은가?
   ① 탄산가스 소화기　　　② 분말(ABC) 소화기　　　③ 마른 모래
   ⑥ 물 소화기　　　　　　⑤ ①~④ 모두 이용해도 괜찮다.

4. 화재 발생에 대비해 평소 주의할 사항은 무엇인가?
   ① 실험실 내에는 무제한으로 위험물을 반입해도 괜찮다.
   ② 구급 시의 퇴출로는 두 곳 이상 확보한다.
   ③ 방화문, 방화 셔터는 잘 닫히도록 물건을 두지 않는다.
   ⑤ 가능하면 의류는 타기 쉽지만 피부에 융착하지 않는 면 소재의 것을 입는다.

5. 금속화재의 유효한 소화법은 어떤 것인가?
   ① 탄산가스 소화기를 이용한다.
   ② 건조 모래를 이용한다.

③ 물을 이용한다.　　　　④ ①~③ 모두 가능하다.

6. 부주의로 화재를 일으켰을 때의 행동으로 바람직하지 않은 것은 무엇인가?
　① 당사자가 소화한다.
　② 주위 사람에게 알려 소화를 한다.
　③ 불탈 것 같은 물건을 신속하게 안전한 장소로 이동시킨다.
　④ 즉시 피난한다.　　　　⑤ ①~④의 모두

7. 지진 등으로 시약병이 선반에서 낙하하는 것을 방지하기 위해 평소 주의해야 할 점은 무엇인가?
　① 선반이나 캐비닛이 넘어지지 않게 고정한다.
　② 시약병이 선반이나 캐비닛으로부터 낙하하지 않게 한다.
　③ 낙하해도 혼합위험이 발생하지 않게 서로 떨어진 장소에 보관한다.
　④ 가능한 한 적당량 보관한다.

8. A화재와 B화재와 C화재가 의미하는 바를 적으시오.

9. 측정 기기에서 화재가 일어났다. 소화 시 주의할 점을 말하시오.

10. ABC 소화기에 이용되고 있는 분말의 명칭과 화학식을 쓰시오. 또 분말을 분사하기 위해 어떠한 가스가 사용되고 있는가.

11. 시약 구입 시 25g 병보다 500g 병이 비교적 쌌지만, 25g를 사도록 지시받았다. 어떠한 의도가 있다고 생각되는가?

12. 연소의 3요소(물건이 불타기 위해서 불가결한 요소)를 말하시오.

13. 실험실 화재의 소화에 탄산가스 소화기가 상비되어 있다. 그 이점을 말하시오.

14. 금속 나트륨을 취급하던 중 발화했다. 어떻게 소화하는 것이 좋은가?

3장 독성이 있는 화학물질

실험에서 결코 일어나서는 안 되는 것이 건강 피해이다. 폭발이나 화재로도 상해 사고가 일어날 우려는 있지만, 보다 직접적으로 건강 피해를 받을 위험성이 있는 것은 화학물질의 독성에 의한 것이다. 실험에서 사용하는 화학물질의 대부분은 건강에 어떤 식으로든 악영향을 미칠 위험이 있다고 생각하고 취급하는 것이 좋다.

화학물질에는 피부 등에 부착하면 생명이 위험한 급성 독성, 직접적으로는 생사와 관계되지 않아도 실명이나 궤양 등을 일으키는 피부 부식성, 눈이나 목의 점막을 강하게 자극하는 피부 자극성 등의 독성을 가진 것이 많이 존재한다. 이러한 급성적인 위험성에 추가해 체내에 축적되고 나서야 증상이 나타나는 발암성, 생식독성 등의 만성적인 위험성도 있다.

화학물질에 의한 건강 피해는 사용하고 있는 당사자뿐만 아니라 조심성 없이 유해물질을 배출이나 확산시키는 등의 잘못을 범하면 타인에게도 영향을 미치는 심각한 환경오염을 일으킨다는 점을 강하게 인식해야 한다. 본 장에서는 화학물질이 가지고 있는 독성(유해성)의 종류, 실험실에서 사용하는 정도의 소량으로도 생사와 관계되는 독성을 가진 화학물질 그리고 건강 피해나 환경오염을 일으킬 우려가 있는 화학물질에 대해 해설한다.

3_1. 독작용과 그 종류

실험에서 사용하는 거의 모든 화학물질은 건강에 어떠한 식으로든 악영향을 미치는 위험성을 갖고 있다고 생각하고 취급하는 것이 전제이며, 취급상의 원칙을 다음에 나타낸다. 실험실에서 결코 식사를 해선 안 되는 이유는 어떠한 화합물이 인체에 흡수되

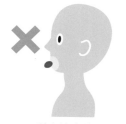

화학물질로 해서는 안 되는 것

입에 넣지 않는다　　피부에 묻히지 않는다　　증기를 흡입하지 않는다　　실수로 버리지 않는다

는 것을 피하기 위해서다.

건강에 해를 끼치는 화학물질의 독작용에는 곧바로 발현하는 독성과 시간이 지나고 나서 발현하는 독성이 있고, 다음과 같이 분류된다.

(1) 섭취한 당사자에게 나타나는 독작용

전신작용(중독성) : 직접적으로 생명과 관계되는 위험한 작용

국소작용(부식성, 자극성) : 증상은 신체의 일부에 그쳐 직접적으로는 생명과 관계되지 않는 위험한 작용

(2) 섭취한 사람뿐 아니라 다음 세대에까지 악영향을 미칠 우려가 있는 독작용

변이원성 : 생물의 유전 정보에 변화를 일으키는 위험성

생식독성 : 생식기능 등에 악영향을 주는 위험성

화학물질의 유독성에 관한 주요 법률로는 「의약품, 의료기기 등의 품질, 유효성 및 안전성 확보 등에 관한 법률(약칭 「의약품 의료기기 등 법」, 「독물 및 극물 단속법(독극법)」 및 「노동안전위생법」이 시행되고 있다.

● **의약품, 의료기기 등의 품질, 유효성 및 안전성 확보 등에 관한 법률**

의약품, 의약부외품, 화장품 및 의료기기의 품질, 유효성 및 안전성 확보를 위해 이러한 물질을 「의약품, 의료기기 등의 품질, 유효성 및 안전성 확보 등에 관한 법률(약칭 : 의약품 의료기기 등 법)」에 의하여 구분하고, 법률상 필요한 규제가 시행되고 있다 (표 3.1)

표 3.1 「의약품 의료기기 등 법」에 따른 구분

의약품
병의 진단, 치료, 예방을 위해서 사용하는 물질(독약, 극약, 처방전 의약품 등)
양도를 포함해 유통시키려면 후생노동 대신에 의한 제조 판매 승인이 필요한 것

의약부외품
의약품보다는 신체에 대한 작용이 더디지만 신체에 어떠한 개선 효과가 있는 물질(예 : 가글, 건위약, 구강 인두약, 콘택트렌즈 장착약, 살균 소독약, 소화제, 생약 함유 보건약, 정장약. 코막힘 개선약(외용제만), 비타민 함유 보건약, 살충제, 기피제, 쥐약, 치주병·충치 예방 치약, 구강 청량제, 제한제, 약용 화장품, 헤어칼라, 생리대)

화장품
신체를 청결하게 하고 미화하는 등의 목적으로 사용하는 물질. 신체에 대한 작용은 가장 미미하다. (예 : 메이크업 화장품, 기초 화장품, 헤어토닉, 향수)

지정 약물
중추 신경계의 흥분 또는 억제, 환각 작용을 한다. 개연성이 높고 또한 사람의 신체에 사용되었을 경우에 보호 위생상의 위해가 발생할 우려가 있는 것

● 독물 및 극물 단속법

실험에서 사용하는 대부분의 화학물질은 의약품으로는 사용하지 않고 연구, 실험, 제조, 도료, 식품첨가물, 농약 등에 사용하는 것으로 「의약용외 화학물질」이라고 불리고 있다. 이러한 물질은 「독물 및 극물 단속법(약칭 독극법)」에 의해 안전 관리 및 사용상의 규제를 받고 있다. 「독극법」은 「의약용외 화학물질」을 독성의 강도에 따라 「독

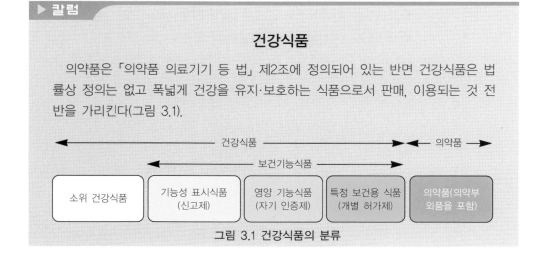

▶ 칼럼

건강식품

의약품은 「의약품 의료기기 등 법」 제2조에 정의되어 있는 반면 건강식품은 법률상 정의는 없고 폭넓게 건강을 유지·보호하는 식품으로서 판매, 이용되는 것 전반을 가리킨다(그림 3.1).

| 소위 건강식품 | 기능성 표시식품 (신고제) | 영양 기능식품 (자기 인증제) | 특정 보건용 식품 (개별 허가제) | 의약품(의약부 외품을 포함) |

그림 3.1 건강식품의 분류

물」, 「극물」, 「보통물」로 분류하고 있다. 또 독물 중에서 특히 현저한 독성이 있는 것을 「특정 독물」로 분류하고 특별히 규제하고 있다. 학술 연구를 위해서 특정 독물을 제조 또는 사용하는 경우는 허가를 받을 필요가 있다.

독물의 라벨에는 「의약용외 독물」, 극물에는 「의약용외 극물」이라는 표시와 각각의 위험성을 경고하는 「심볼 마크」가 첨부되어 있다(그림 3.2)

보통물에는 독극법에 따르는 표시는 없고 독성을 경고하는 심볼 마크도 붙어 있지 않지만, 발암성 등을 경고하는 마크가 붙어 있는 물질이 있다.

그림 3.2 독물, 극물, 발암성 물질에 붙이는 라벨 마크

● 독성의 평가 기준

그럼, 독성의 강도는 어떻게 정의하는 것일까. 「독극법」에서 독물, 극물을 정하는 기준이 되는 수치로 LD_{50}이나 LC_{50}이 이용된다. LD_{50}은 반수 치사량(50% lethal dose) 의 의미이며 수치가 작을수록 화학물질의 급성 독성이 강하다(표 3.2). 기체의 경우는 LC_{50}이 이용되고, 반수 치사 농도(50% lethal concentration)를 의미한다. 또 급성 중독성의 강도를 나타내는 다른 용어로서 최소 치사량이나 최소 치사 농도를 나타내는 LDLo나 LCLo도 정의되어 있다(표 3.3). 이들 정의를 표 3.2 및 표 3.3에 정리했다. 덧붙여 독물과 극물의 지정에서는 LD_{50}에 의한 분류와는 다른 기준으로 정하는 일도

표 3.2 LD_{50}과 LC_{50}의 정의

LD_{50} : 50% lethal dose(반수 치사량, 50% 치사량) 검사에 이용된 실험동물의 거의 반수가 사망하는 체중 1kg당 최소량(mg/kg)
LC_{50} : 50% lethal concentration(반수 치사 농도, 50% 치사 농도) 검사에 이용한 실험동물의 거의 반수가 사망하는 가스 농도(ppm, mg/L 등)

표 3.3 LDLo와 LCLo의 정의

LDLo : lowest published lethal dose(최소 치사량) 흡입 이외의 경로에서 침입해 사망시키는 최소량
LCLo : lowest published lethal concentration(최소 치사 농도) 흡입 경로에서 침입해 사망시키는 최소 농도

있으므로 유의한다.

유독 물질은 기본적으로 동물실험 데이터인 급성 독성인 LD_{50}값, LC_{50}값을 기준으로 정의되어 있다. 사용 중 잘못해 유해 물질이 체내에 섭취되었을 경우, 인체에 악영향이 나타나는 정도는 물질의 침입 경로에 따라 차이가 있으므로 독물 및 극물을 정의하기 위한 LD_{50}값은 경구 LD_{50}값, 경피 LD_{50}값, 흡입 LD_{50}값(경기도) 각각에 대해 정해져 있다(표 3.4).

▶ 칼럼

천연 복어독

자연환경 중에는 독이 되는 화합물이 적지 않다는 것에도 유의하자. 잘 알려진 천연 복어의 간이나 난소에 함유되어 있는 것으로 유명한 독이 테트로도톡신이다. 극히 미량으로도 신경계 전달계를 차단해 생물을 죽음에 이르게 하지만 그 화

〈테트로도톡신〉

학 구조는 1964년 나고야 대학의 히라타 요시마사 교수에 의해 해명됐고, 1972년에는 하버드 대학의 기시 요시도 교수에 의해 인공 합성도 이루어졌다. LD_{50}값(경구 마우스)은 9μg/kg로 독성이 매우 강하다. 양식 복어는 테트로도톡신을 갖지 않는 것으로 밝혀졌지만, 실험으로 5마리의 양식 복어에 1마리의 천연 복어를 섞어 생활하게 하면 모든 복어가 테트로도톡신을 갖게 된다는 흥미로운 실험 결과도 있다. 실제로 복어 이외에도 테트로도톡신을 가진 생물이 몇 개 더 발견되었으나, 어떤 식으로 독이 축적되는지는 여전히 수수께끼로 남아 추가 연구가 진행되고 있다.

표 3.4 독물 및 극물 단속법(독극법)에 따른 유독 물질의 판정 기준

독물	경구 LD_{50}값 : 50mg/kg 이하 경피 LD_{50}값 : 200mg/kg 이하 흡입 LD_{50}값 : 가스 500ppm(4h) 이하, 증기 2.0mg/L(4h) 이하, 더스트, 미스트 0.5mg/L(4h) 이하
극물	경구 LD_{50}값 : 50~300mg/kg 이하 경피 LD_{50}값 : 200~1,000mg/kg 이하 흡입 LD_{50}값 : 가스 500~2,500ppm(4h) 이하, 증기 2.0~10mg/L(4h) 이하, 더스트, 미스트 0.5~1.0mg/L(4h) 이하

3_2. 독물과 특정 독물

표 3.5에 독극법에 따라 구분되고 있는 독물의 예를 나타낸다. 시안화나트륨의 LD_{50}값은 5mg/kg로 매우 작다. 예를 들어, 니켈카르보닐[Ni(CO)$_4$]은 공업용 카르보닐화 반응의 촉매로 사용되는 일이 있지만 누설되면 벽토 냄새가 난다. 상온에서 액체이지만 비점은 43℃로 낮고 매우 독성이 강하다. 한편 공기와 접촉하면 분해되는 점에서 상황에 따라 위험성은 다르다.

트리부틸아민의 경구 LD_{50}값은 421mg/kg으로 독물은 아니지만 토끼에 대한 경피 LD_{50}값은 195mg/kg가 되어 독물의 범위에 들어간다. 비소는 기니피그에 대해 경피 LD_{50}값은 300mg/kg이지만 복강 LD_{50}값은 10mg/kg으로 독물로 분류된다.

다양한 비소 화합물이 독성을 갖고 있다. 수은 증기는 형광등에 사용되어 왔지만 독성이 높다. 또 화학 공장의 수은 배수에 기인하는 공해로 쿠마모토현의 미나마타병이 유명한데, 인근 주민이 메틸수은을 축적한 물고기를 먹어 뇌신경에 독작용이 미친 결과로 알려져 있다. 메틸수은 이외에도 독성을 가진 유기 수은 화합물이 다수 알려져 있다.

덧붙여 표 3.5에 나타낸 독물은 어디까지나 독극법에 따라 구분되고 있는 것이지 일반적으로 유통되는 것은 아니다. 복어독인 테트로도톡신 등은 LD_{50}값이 극히 작음에도 불구하고 포함되지 않았다. 한편 비교적 LD_{50}값은 커도 주의 환기를 위해 독물 등으로 분류되고 있는 것도 있다.

표 3.5 독물 및 극물 단속법(독극법)의 분류에 의한 독물의 예

아지화나트륨(45)	수은화합물
3-아미노-1-프로펜	셀렌
아릴알코올(64)	셀렌화합물
염화벤젠술포닐	티오세미카르바지드(9)
염화포스포릴	테트라메틸암모늄수산화물(50)
황린	트리부틸아민(421) (195, 경피)
크로톤알데히드(80)	니코틴(50)
클로로초산메틸	비소(300 경피) (10, 복강)
클로로메틸벤젠	비소화합물
삼염화인(18)	히드라진(60)
오염화인	불화수소
삼염화붕소	브로모초산에틸
삼불화붕소	플루오로술폰산
디니트로페놀(30)	벤젠티올(46)
시안화나트륨(5)	메탄술포닐염화물(50)
무기시안화합물	황화린
수은	니켈카르보닐

* 괄호 안 숫자는 참고 LD_{50}값(mg/kg)(경구에 의한 측정값)

「독물 및 극물 단속법(독극법)」 제2조에 근거하여 독물 중에서 극히 독성이 강하고 널리 일반적으로 사용되는 것으로 위해 발생 우려가 현저한 10품목은 특정 독물로 정해져 있어 사용 시에는 특정 독물 연구자의 허가를 얻어야 한다(표 3.6). 이들 특정 독

표 3.6 독물 및 극물 단속법(독극법)의 분류에 의한 특정 독물

옥타메틸피로포스포르아미드 (별명 : 슈라단)	디메틸파라니트로페닐티오포스페이트 (별명 : 메틸파라티온)
사알킬납	테트라에틸피로포스페이트(TEPP)
디에틸파라니트로페닐티오포스페이트 (별명 : 파라티온)	모노플루오로초산 및 그 염류
대메틸에틸메르캅토에틸티오포스페이트 (별명 : 메틸디메톤)	모노플루오로초산 아미드
디메틸-(디에틸아미드-1-크로로크로토닐- 포스페이트(별명 포스파미돈)	인화 알루미늄과 그 분해 촉진물

물 가운데 7종은 인화합물이며 농약이 많이 포함된다. 모노플루오르초산과 그 아미드 그리고 사알킬납이 나머지 3종이다.

3_3. 극물

표 3.7에는 「독물 및 극물 단속법(독극법)」에 따라 구분되고 있는 극물의 예를 나타냈다. 무기화합물, 유기화합물을 불문하고 극물에는 화학실험에서 취급하는 화합물이 많이 포함되어 있다. 부식성, 자극성이 위험할 정도로 강한 물질은 급성 중독성이 상기의 기준치보다 약해도 극물로 지정되는 경우가 있다. 그러나 부식성, 자극성만으로는 직접 생명과 관계되는 위험은 없기 때문에 부식성, 자극성만으로 독물로 지정되지는 않는다.

예를 들어 암모니아의 LD_{50}(래트, 경구)는 350mg/kg로 비교적 크지만 목이나 눈 같은 점막에 대한 자극성이 매우 강하기 때문에 극물로 지정하고 있다. 독극법에서는 농도에 따라 구분이 바뀌거나 원체(原體)만 지정되어 있는 물질도 있다.

예 : 수산화나트륨 극물>5% (5% 이하를 포함하는 것은 보통물)
원체 : 원칙적으로 화학적 순품을 가리키며, 제조 과정에서 불순물이 들어가는 경우나, 순도에 영향이 없는 첨가물이 추가되는 경우도 원체로 간주한다. 메탄올, 톨루엔 등은 원체만 극물로 지정되고 있다.

이들 독물이나 극물로 지정되어 있지 않은 보통물에도 극물보다는 약하기는 하지만 급성 독성이나 부식성, 자극성을 가진 물질도 있다. 따라서 보통물이어도 안전한 것은 아니므로 결코 방심을 해선 안 된다.

예 : 비타민 C LD_{50}(마우스, 경구)
　　　　3367mg/kg(보통물)
　　구연산　LD_{50}(마우스, 경구)
　　　　5040mg/kg(보통물)

비타민 C　　　　구연산

표 3.7 독물 및 극물 단속법(독극법)의 분류에 의한 극물의 예

무기아연류	질산(>10%)
아크릴아미드	수산화칼륨(>5%)
아크릴산(>10%)	브롬
아크릴로니트릴	수산화나트륨(>5%)
아크롤레인	무기주석염류
아질산염류	무기구리염류
아닐린	톨루이딘
2-아미노에탄올	톨루엔
N-알킬아닐린	나트륨
N-알킬톨루이딘	납화합물
안티몬화합물	니트로벤젠
암모니아화합물	이황화탄소
에틸렌옥사이드	발연황산
에틸렌크롤히드린	바륨화합물
에피크로로히드린	피크린산
염화수소(>10%)	히드라진1수화물
염화티오닐	히드록실아민
과산화수소(>6%)	히도록실아민염류
칼륨	페닐렌디아민 및 그 염
포름산	페놀(>5%)
크실렌	브로모아세톤
퀴놀린	브로모에틸
무기금염류	브로민화수소
무기은염류	포름알데히드(>1%)
크레졸	무수크로뮴산
크롬산염류	무수초산
클로로포름	메타크릴산(>25%)
초산에틸	메탄올
삼염화티탄	메틸에틸케톤
유기시안화합물	모노클로로아세트산
사염화탄소	요오드화수소
디클로로초산	요오드화메틸
디메틸황산	요오드
중크롬산	황산(>10%)
중크롬산염	황화인

③_4. 약물(독물, 극물, 지정 약물)

「의약품 의료기기 등 법」에 따라 독물, 극약, 지정 약물 등에 대해서는 필요한 규제가 시행되고 있다. 이중 독물과 극약은 독극법의 독물, 극물과는 달리 병의 진단이나 치료에 사용하는 것을 말한다. 지정 약물은 일반적으로는 위험 드러그(drug)라고 불리며 화학의 합성 실험에서도 사용하는 물질 등이 해당하는 경우가 있다. 대학 등에서는 연구에 사용할 수 있지만, 지정 약물 경유로 마약이 되는 물질이 많기 때문에 엄중하게 관리할 필요가 있다.

> 예 : 자주 사용되는 지정 약물 : 아질산에스테르(부틸, *iso*-부틸, *iso*-프로필, *tert*-부틸, *iso*-아밀 등), 일산화이질소(아산화질소), 인단-2-아민 및 그 염류, 디페닐(피롤리딘-2-일) 메탄올 및 그 염류, 2-(디페닐메틸) 피롤리딘 및 그 염류 등

③_5. 발암성 물질

「독물」, 「극물」 표시는 급성 독성, 강한 부식성, 자극성에 대한 경고라고 할 수 있지만 생식독성이나 발암성은 만발적인 위험성이며 「독물」이나 「극물」 표시가 붙어 있지 않아도, 생식독성이나 강한 발암성을 가진 물질이 있으므로 취급에는 충분히 주의할 필요가 있다. 시약의 라벨에 생식독성이나 발암성을 경고하는 심볼 마크가 표시되어 있으므로 간과하지 않도록 주의한다.

> 예 : 사염화탄소 LD_{50}(래트, 경구) 2350mg/kg
> GHS 구분에서는 급성 독성은 구분 외
> 발암성 : 구분 2   생식독성 : 구분 2

● 발암성 물질

발암성 물질이란 암을 유발하거나 또는 그 발생률을 높이는 물질을 말한다. 화학물질뿐 아니라 방사선 등의 물리적 작용에도 발암성 위험이 있다. 국제암연구기관

표 3.8 발암성 물질의 연구기관에 의한 분류와 건강 유해 마크

일본산업위생학회 허용 농도 위원회	IARC	GHS	건강 유해성 마크
제1군 사람에 대한 발암성이 있다고 판단할 수 있다	Group I	구분 1A	☠
제2군 A 사람에 대해 아마 발암성이 있다고 판단할 수 있다(동물실험에서 얻은 증거가 충분하다)	Group 2A	구분 1B	☠
제2군 B 사람에 대해 아마 발암성이 있다고 판단할 수 있다(동물실험에서 얻은 증거가 충분하지 않다)	Group 2B	구분 2	❗

(International Agency for Research on Cancer; IARC)이 공표한 분류를 참고로 일본 산업위생학회가 발암성 물질의 분류를 공표하였다(표 3.8).

표 3.8에서는 발암성 위험이 지적되고 있는 화학물질, 물리적 작용의 예를 나타냈지만, 모든 것을 망라하지 않고 현 시점에서 위험성이 지적되는 일부를 나타낸 것이다(표 3.9). 검증이 진행됨에 따라 새롭게 위험한 물질이 추가되거나 위험 구분이 변경될 수 있다는 점에 유의해야 한다.

● 특정 화학물질과 유기용제

「노동안전위생법」 아래에 화학물질에 의한 건강 장애를 방지하기 위해 특정 화학물질 장애 예방규칙(특화칙)이나 유기용제 중독 예방규칙(유기칙) 등의 제 규칙이 정해져 있다. 전자는 특정 화학물질에 의한 암이나 피부염, 신경장애 등을 예방하기 위해, 후자는 유기용제에 의한 급성 중독이나 만성 중독 등을 예방하기 위한 규칙이다. 이들 규칙에 관한 용어를 표 3.10에 정리했다.

특정 화학물질 장애 예방규칙에서 사업자에 의해 선임된 특정 화학물질 작업 주임자는 (i) 작업에 종사하는 노동자가 특정 화학물질에 의해 오염되거나 또는 이것들을 흡입하지 않게 작업 방법을 결정하여 노동자를 지휘할 것, (ii) 국소 배기 장치, 푸시풀형

표 3.9 발암성 위험이 있는 화학물질 및 물리 작용의 예

분류[1]	예: 화합물명[LD_{50}(마우스, 경구)값 mg/kg]
제1군 인간에 대하여 발암성이 있다고 판단할 수 있다	염화비닐 $CH_2=CHCl$(>4000), 크롬(VI), 콜타르, 석면, 비소(및 일부 화합물)(삼산화비소 : 20), 카드뮴(및 일부 화합물), 4-아미노비페닐(500), 니켈화합물, 2-나프틸아민(680), 벤젠(1620), 알루신 AsH_3, 1,2-디클로로프로판, 1,3-부타디엔, 트리클로에틸렌(4920), 산화에틸렌(72) 중성자선 α선 방사핵종에 의한 내부 피폭 β선 방사핵종에 의한 내부 피폭 X선 조사
제2군 A 인간에 대해 아마도 발암성이 있다고 판단된다(동물실험에서 얻은 증거가 충분하다)	아크릴로니트릴($CH_2=CHCN$)(193), 아크릴아미드($CH_2=CHCONH_2$)(124), 폴리염화비페닐류(PCB)(1010), 포름알데히드(100), 브로모에틸렌(250), 스틸렌옥사이드(2000), 황산디메틸(($CH_3O)_2SO_2$)(205), 황산디에틸(350), 베릴륨(및 일부 화합물), 디클로로메탄(1600), o-톨루이딘(336) 자외선 A 자외선 B 자외선 C
제2군 B 인간에 대해 아마 발암성이 있다고 판단할 수 있다(동물실험에서 얻은 증거가 충분하지 않다).	납(및 일부 화합물)[$Pb(OAc)_2$: 4665], 사염화탄소(2350), 1,2-디클로로에탄(625), 아세트알데히드(660), 클로로포름(635), 1,3-디클로로프로펜(470), 1,4-디옥산(4200), p-클로로아닐린(3000), 3,3′-디클로로벤지딘(7070), p-디클로로벤젠(500), 히드라진(169), 클로로페녹시초산(800), 메틸수은화합물(MeHgCl : 57,600μg/kg), N,N-디메틸포름아미드(3000), 스틸렌(2650), 2-니트로프로판(450), 염화벤질(625), 테트라클로로에틸렌(2629)

1) 분류는 산업위생학회지, 57, 146(2015)에서

환기장치, 제진장치, 배기가스 처리 장치, 폐액처리 장치 외 노동자가 건강 장애를 받는 것을 예방하기 위한 조치를 1개월을 넘지 않는 기간마다 점검할 것, (iii) 보호구의 사용 상황을 감시할 것, (iv) 탱크 내부에서 특별 유기용제 업무에 노동자가 종사하는 때는 제38조의 8에 대해 준용하는 유기칙 제26조 각 호에 정하는 조치가 강구되어 있는지 확인하는 것을 직무로서 정하고 있다.

특정 화학물질은 3개로 분류되며, 암 등의 만성 장애를 일으키는 물질 가운데 특히 유해성이 높아 제조공정에서 특히 엄중한 관리(제조 허가)가 필요한 제1류 물질, 암 등의 만성 장애를 일으키는 물질 가운데 제1류 물질에 해당하지 않는 것을 제2류 물질, 그리고 대량 누설에 의해 급성 중독을 일으키는 물질을 제3류 물질로 정하고 있다(권말의 부표 3을 참조).

새롭게 위험 유해성이 밝혀진 화학물질에 대응하기 위해 「노동안전위생법」 시행령의

표 3.10 특정 화학물질과 유기용제

특정 화학물질	특정 화학물질 장애 예방규칙에 따라 제1류부터 제3류로 분류된다.
제1류 물질	암 등의 만성 및 지연성 장애를 일으키는 물질 제조에는 허가가 필요
제2류 물질	제2류 물질은 다시 오라민 등 특정 제2류, 특별 유기용제, 관리 제2류로 구분된다.
오라민 등 　특정 제2류 물질 　특별 유기용제 등 　관리 제2류 물질	요로계에 암 등의 종양을 발생시킬 우려가 있는 물질 제3류 물질과 같이 누설에 주의가 필요한 물질 유기칙이 준용되는 물질 제2류 물질 중 오라민 등 특정 제2류, 특별 유기용제 이외의 물질
제3류 물질	대량 누설되면 급성 독성을 일으키기 때문에 누설 방지 조치가 필요한 물질
특별 관리 물질	특정 화학물질 제1류, 제2종 가운데 발암성 물질 또는 의심이 되는 물질. 작업 기록 30년 보관 등이 필요
유기용제	유기용제 중독예방 규칙에 따라 제1종부터 제3종으로 분류된다. 1종 이외는 유해 위험성이 높다.
작업 환경 측정	특정 화학물질 제1류, 특정 화학물질 제2류, 제1종 유기용제, 제1종 유기용제로 작업 환경 측정을 연 2회 실시. 납중독 예방 규칙, 석면 장애 예방 규칙, 분진 장애 예방 규칙에 따라 납, 석면, 분진이 측정 대상이다.

일부를 개정하는 정령, 「특정 화학물질 장애 예방 규칙」이나 「노동안전위생규칙」의 일부를 개정하는 성령이 수시로 공포 및 시행되고 있다.

예를 들어 2012년에 에틸벤젠이 특정 화학물질 제2류에 규제됐고, 또한 인쇄 사업장에서 담관암에 걸린 사례가 보고됨에 따라 1,2-디클로로프로판이 특정 화학물질 제2류로 추가됐으며 안료 제조 공장의 방광암 증상증에 의해 o-톨루이딘이 특정 화학물질 제2류에 추가되었다.

또 10종류의 유기용제(클로로포름, 사염화탄소, 1,4-디옥산, 1,2-디클로로에탄, 디클로로메탄, 스틸렌, 1,1,2,2-테트라클로로에탄, 테트라클로로에틸렌, 트리클로로에틸렌, 메틸이소부틸케톤)에 발암성이 있다고 하여 특정 화학물질 제2류로 변경되어 유기칙이 준용되는 「특별 유기용제」로 지정되었다. 2017년에는 삼산화이안티몬이 특정 화학물질 제2류로 지정되었다.

표 3.10에 나타낸 것처럼 특정 화학물질은 제1류부터 제3류까지 정해져 있다. 제1류

와 제2류는 암 등의 만성 및 지발성 장애를 일으키고, 제3류 및 특정 제2류는 대량 누설에 의해 급성 장애를 일으킨다. 제2류 물질은 오라민 등 특정 제2류, 특별 유기용제, 관리 제3류로 구분된다. 제1류 물질과 제2류 물질 가운데 암원성 물질 또는 그 우려가 있는 물질에 대해서는 특별 관리 물질로서 명칭, 주의 사항 등의 게시, 공기 중 농도 측정 결과, 노동자의 작업 상황이나 건강진단 기록 등을 30년간 보존하는 것이 요구되고 있다.

유기용제 중독 예방규칙은 유기용제에 의한 중독을 방지하는 것을 목적으로 정해져 있다. 최근에는 유기용제였던 물질(클로로포름, 사염화탄소, 1,4-디옥산, 디클로로메탄 등)이 특정 화학물질로 지정되어 특별 유기용제라고 불리게 되었다(권말의 부표 4를 참조). 유기용제의 소비량이 허용 소비량 미만인 경우에는 제외 신청할 수가 있다. 허용량은 표 3.11의 식으로 구할 수가 있다 .

표 3.11 유기용제의 구분과 허용 소비량

유기용제의 구분	유기용제의 허용 소비량 $W(g)$
제1종 유기용제 등	$W = 1/15 \times A$
제2종 유기용제 등	$W = 2/15 \times A$
제3종 유기용제 등	$W = 3/2 \times A$

A : 작업장의 공기 부피(㎥) (바닥으로부터 4m를 넘는 공간을 제외한다.
공기 부피가 150㎥을 넘는 경우는 150㎥으로 한다)

노동안전위생법에서는 특화칙과 유기칙 이외에도 납칙, 석면칙, 분진칙 등이 정해져 있고 마찬가지로 작업 환경 측정이 의무화되어 있다. 덧붙여 작업 환경 측정에서 제3관리 구분이나 제2관리로 구분된 경우에는 작업 환경 개선이 요구된다(표 3.12). 또 노동기준법의 여성 노동기준 규칙(여성별)에서는 모성 보호를 위해 여성 노동자의 취업이 금지되는 예외 조항을 둘 수 있다.

① 임신이나 출산·수유에 영향이 있는 물질이 작업 환경 측정을 통해 제3관리로 구분되었을 경우 및 ② 탱크 내나 화물창고 내 등에서 26의 대상 물질(표에 기재된 이외의 화합물로서 「납 및 그 화합물」이 납중독 예방규칙에 의해 정해져 있다)을 취급하는 업무로, 호흡용 보호도구의 사용이 의무인 업무에 대해서도 여성 노동자의 취업이 금지되어 있다.

이러한 화합물은 드래프트 내에서 취급하고 보호구(장갑, 안경)를 착용하여 폭로, 확

표 3.12 작업 환경 측정의 관리 구분과 대응

관리 구분	작업 장소의 상태	대응
제1관리 구분	작업 장소의 대부분에서 공기 중 유해물질 농도가 관리 농도를 넘지 않는 상태	현상을 유지하도록 노력한다
제2관리 구분	작업 장소의 공기 중 유해물질 농도 평균이 관리 농도를 넘지 않는 상태	작업 환경을 개선하도록 필요한 조치를 강구한다
제3관리 구분	작업 장소의 공기 중 유해물질 농도 평균이 관리 온도를 넘는 상태	즉시 작업 환경을 개선하도록 필요한 조치를 강구한다

산을 방지한다. 드래프트는 적정한 풍량(특화칙 : 0.5m/초, 유기칙 : 0.4명/초)을 얻을 수 있도록 전면문을 개방한 상태로 사용할 필요가 있다.

● 생식독성 물질

생식독성이란 성체의 성기능, 생식능을 저해하는 모든 영향 및 정상적인 발생을 방해하는 모든 영향을 말한다. GHB에 의한 생식독성 구분과 화합물의 예를 표 3.13에 나타낸다.

3_6. 독성 표시와 보관 관리

3.6.1. 독성 표시와 법률에 따른 표시 의무

● 독성 표시

표 3.14에 나타낸 것처럼 「의약용외 화학물질」의 독성 표시는 LD_{50}값에 추가해 실험 동물과 투여 방법을 명기한다.

GHS(globally harmonized system of classification and labeling of chemicals)는 급성 독성에 대해 경구 LD_{50}값을 이용해 5개로 구분된다. GHS에 의한 주의 환기 표시 마크를 구분 번호와 함께 표 3.15에 나타낸다.

표 3.13 생식독성 물질의 구분(GHS)과 화합물 예

GHS의 생식 독성에 대한 구분	화합물
구분 1A 사람의 성기능, 생식능, 임신에 악영향을 미치는 것으로 알려져 있는 물질	삼산화이비소(아비산), 폴리염화비페닐, 일산화탄소, 에틸렌글리콜모노메틸에테르아세테이트, 톨루엔, 2-브로모프로판
구분 1B 사람의 성기능, 생식능, 임신에 악영향을 미친다고 추정되는 물질	헥산, 벤젠, 망간, 아크릴아미드, N,N-디메틸포름아미드, 에틸렌글리콜모노에틸에테르아세테이트, 에틸렌글리콜모노에틸에테르, 클로로메탄, 메탄올, 스틸렌, 트리클로로에틸렌, 페놀, 크실렌, 프탈산-2-에칠헥실, 에틸렌글리콜모노메틸에테르, 에틸렌옥시드, 이황화탄소, 퍼플루오로옥탄산, 펜타클로로페놀, 아크릴아미드, 에틸벤젠, p-디클로로벤젠. N, N-디에틸아트아미드
구분 2 사람에 대해서 생식/발생 독성이 의심되는 물질	1-브로모프로판, 오산화바나듐, 에틸렌이민, 비소, 테트라클로로에틸렌, 클로로디플루오로메탄
구분 외 사람에 대해서 생식/발생 독성이 없는 것이 분명한 물질	

표 3.14 의약용외 화학물질의 독성 표시 예

독물	시안화수소	LD_{50} (래트, 경구) 3.7mg/kg LD_{50} (래트, 흡입) 484ppm/5min
극물	아닐린	LD_{50} (래트, 경구) 250mg/kg LD_{50} (래트, 경피) 1400mg/kg

● 보관 장소에서의 표시

독물 및 극물의 보관 장소에는 의약용외 독물, 의약용외 극물이라고 표시한다.

또 독극물을 다른 용기에 옮겨 담는 경우에는 절대로 음식물 용기를 사용해서는 안 된다. 옮겨 담을 경우에도 의약용외 독물임을 표시해야 한다(그림 3.3).

유기용제를 옥내 작업장에서 취급하는 장소에는 유기용제 등의 구분(제1종 : 적, 제2종 : 황, 제3종 : 청)을 표시해야 한다(그림 3.4). 또 사용 시의 주의 사항을 게시하지 않으면 안 된다(그림 3.5) 또, 특별 관리 물질 등은 물질마다 주의할 정보(명칭, 인체에 미치는 작용, 취급상의 주의 사항, 보호구, 응급조치)를 게시해야 한다(p.85의 표 3.16).

표 3.15 GHS의 급성 독성에 대한 구분과 주의 환기 표시 마크

GHS의 급성 독성에 대한 구분	경구 LD_{50} 값(mg/kg)	주의 환기 표시 마크	독극법에서의 구분
구분 1	5 이하		독물
구분 2	5~50		독물
구분 3	50~300		극물
구분 4	300~2000		보통물
구분 5	2000~5000		보통물

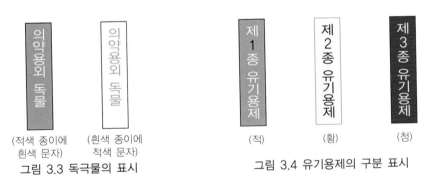

의약용외 독물	의약용외 독물		제1종 유기용제	제2종 유기용제	제3종 유기용제
(적색 종이에 흰색 문자)	(흰색 종이에 적색 문자)		(적)	(황)	(청)

그림 3.3 독극물의 표시   그림 3.4 유기용제의 구분 표시

3.6.2 약품의 보관 및 약품 관리 시스템의 이용

● 독물과 극물의 보관

독물, 극물은 마개를 막은 용기에 넣어 내용물을 용기에 명기하고 잠금장치가 있는 약품 선반에 보관한다. 보관 창고의 열쇠도 엄격하게 관리해야 한다. 사용할 때는 반드시 비치되어 있는 사용 장부에 사용자, 사용 일시, 사용량을 기록한다. 만일 도난을 당하거나 분실 또는 누설되었을 경우에는 즉시 연구실 책임자에게 알린다. 그 외 약품의 보관은 지진 등으로 깨지는 것을 막기 위해 보호망에 넣거나 만일의 액 누설에 대비해 트레이를 깔아 두는 등의 방법을 취할 필요가 있다. 물론 혼합위험을 고려해서 보관할

유기용제 등의 사용 시 주의 사항(유기용제 중독 예방 규칙의 규정에 의해 게시된 내용)

1. 유기용제가 인체에 미치는 작용
[주요 증상]
　　(1) 두통 (2) 권태감 (3) 현기증 (4) 빈혈 (5) 간장 장애
2. 유기용제 등의 취급상 주의 사항
　　(1) 유기용제를 넣은 용기는 사용 중이 아닐 때는 반드시 뚜껑을 덮을 것
　　(2) 당일 작업에 필요한 양 이외의 유기용제 등을 작업장에 반입하지 않을 것
　　(3) 가능한 한 풍상에서 작업을 하되, 유기용제 증기의 흡입을 피할 것
　　(4) 가능한 한 유기용제 등이 피부에 닿지 않게 할 것
3 유기용제에 의한 중독이 발생했을 때의 응급조치
　　(1) 중독에 걸린 사람은 즉시 통풍이 잘 되는 장소로 옮겨 신속하게 위생 관리자나 기타 위생 관리를 담당하는 사람에게 연락할 것
　　(2) 중독에 걸린 사람을 옆으로 뉘여 기도를 확보한 상태에서 신체의 보온에 힘쓸 것
　　(3) 중독에 걸린 사람이 의식을 잃은 경우는 소방 기관에 통보할 것
　　(4) 중독에 걸린 사람의 호흡이 멈추었을 경우나 정상적이지 않은 경우는 신속하게 위를 향하게 해 심폐소생을 행할 것

그림 3.5 유기용제 사용 장소에서의 표시

필요가 있다 .

● 약품 관리 시스템의 이용

독물 및 극물은 사용 장부에 기록해야 하지만 최근에는 약품 관리 시스템을 이용해 사용 이력을 남길 수 있다. 약품 관리 시스템의 이용은 연구실의 약품을 모두 수록하여 재고 검색이 용이할 뿐 아니라 소방법 지정 수량의 산출이나 법 개정에 대한 대응 등이 수월하다. 대학의 조사 등에도 간단하게 대응할 수 있기 때문에 대학 전체에서 도입했으면 하는 시스템이다.

특별 관리 물질 등도 사용할 때마다 작업 내용을 기록할 필요가 있다. 작업 기록은 30년의 장기간에 걸쳐 보관해야 하므로 약품 관리 시스템을 이용해 이력을 남기는 것이 바람직하다.

표 3.16 특화칙의 특별 관리 물질 게시 예

명칭	클로로포름
인체에 미치는 작용	• 삼키면 유해(경구) • 심각한 피부의 약상, 심각한 눈의 손상 • 유전자 질환 우려 의심 • 발암 우려 의심 • 간장, 신장 장애 • 호흡기 자극 우려, 졸음 또는 현기증 우려 • 장기 또는 반복 폭로에 의한 중추 신경계, 신장, 간장, 호흡기의 장애 우려
취급상 주의 사항	• 사용 전에 취급 설명서를 입수, 모든 안전 주의를 읽고 이해할 때까지 취급하지 말 것 • 이 제품을 사용할 때는 음식 또는 흡연을 하지 않을 것 • 옥외 또는 환기가 잘 되는 장소에서만 사용할 것 • 분진, 연기, 가스, 미스트, 증기, 스프레이를 흡입하지 않을 것 • 취급 후에는 자주 손을 씻을 것
보호구	• 호흡용 보호도구(유기 가스용 방독 마스크)를 착용할 것 • 보호 장갑(테플론제)을 사용할 것 • 보호 안경(일반 안경형, 고글형)을 사용할 것
응급조치	• 소화 방법 : 이 제품 자체는 연소하지 않는다. 이 물질로 인한 주변 화재에 적절한 소화제를 사용하는 것 • 흡입한 경우 : 피해자를 공기가 신선한 장소로 이동시켜 안정을 취하게 하고, 필요에 따라서 인공호흡이나 산소 흡입을 하고 의사의 진단, 치료를 받는 것 • 피부에 묻었을 경우 : 오염된 의류 등을 벗고 즉시 물 또는 미온수와 비누로 씻어낼 것. 외관상 변화가 있거나 아픔이 계속되는 경우는 즉시 의사의 진단, 치료를 받을 것 • 눈에 들어갔을 경우 : 즉시 청정한 물로 최소 15분간 꼼꼼하게 씻을 것. 틈을 손가락으로 잘 열어 안구, 눈꺼풀 구석구석까지 물이 골고루 닿도록 씻을 것. 즉시 의사의 진단, 치료를 받을 것 • 삼켰을 경우 : 무리하게 토하게 하지 않는다. 휘발성 액체이기 때문에 토하게 하면 폐에 흡인될 위험이 높아진다. 물로 입속을 세정하고 즉시 의사의 처치를 받을 것. 의식이 없는 경우는 입으로 아무것도 주어서는 안 된다

3_7. 환경에 부하를 주는 화학물질

● 할로겐화탄화수소류

할로겐화탄화수소류에는 발암성 위험성을 가진 물질이 많다.

사용 시에는 화학물질 안전성 데이터 시트(SDS)를 조사해 안전을 배려해 취급할 필

표 3.17 트리클로로에틸렌의 SDS 예

트리클로로에틸렌의 SDS	
건강에 대한 유해성	
급성 독성(흡입 : 증기)	구분 4
피부 부식성, 자극성	구분 2
눈에 대한 심각한 손상, 눈 자극성	구분 2A
생식 세포 변이원성	구분 2
발암성	구분 1B
생식독성	구분 1B
환경에 대한 유해성	
수생 환경 급성 유해성	구분 2
수생 환경 만성 유해성	구분 2
주의 환기어 : 위험	
위험 유해 정보	
흡입하면 유해(증기)	
피부 자극	
강한 눈 자극	
유전자 질환 우려	
발암성 우려	
생식능 또는 태아에 미치는 악영향 우려	
졸음 또는 현기증 우려	
호흡기 자극 우려	
장기 또는 반복 폭로에 의한 중추 신경계 장애	
기도에 침입하면 유해 우려	
수생 생물에 독성	
장기적 영향에 의한 수생 생물에 독성	

요가 있다. 표 3.17에 트리클로로에틸렌에 대한 SDS를 예시했다.

또 할로겐화탄화수소류는 외부에 배출되면 심각한 환경오염이 발생할 우려가 있기 때문에 사용 후에는 전량을 회수해 적절한 방법으로 폐기 처리해야 한다. 환경오염 방지는 화학물질을 사용하는 사람의 중요한 책무이다. 예를 들어, 유해한 염소화합물로 알려진 디클로로메탄은 비점은 낮지만 비중이 커 지하수나 하천의 바닥 등에 쌓이기 쉬우므로 정기적으로 오염 조사를 하고 있다.

표 3.18에 나타낸 것처럼 각종 할로겐화탄화수소에 대해서는 공공용 수역 배출 기준과 수돗물 수질 기준이 정해져 있다. 예를 들어, 디클로로메탄의 배출 기준은 0.2mg/L이며 수돗물의 수질 기준은 0.02mg/L로 사염화탄소의 경우는 디클로로메탄보다 한

표 3.18 할로겐화탄화수소와 배출 기준

할로겐화탄화수소	배출 기준(mg/L)
클로로포름($CHCl_3$)	없음
브로모디클로로메탄($CHBrCl_2$)	없음
디브로모클로로메탄($CHBr_2Cl$)	없음
브로모크로뮴($CHBr_3$)	없음
사염화탄소(CCl_4)	0.02
디클로로메탄(CH_2Cl_2)	0.2
1,2-디클로로에탄($ClCH_2CH_2Cl$)	0.04
1,1-디클로로에틸렌($Cl_2C=CH_2$)	1
1,2 디클로로에틸렌($CHCl=CHCl$)	0.4(*cis*체)
1,3 디클로로프로펜($ClCH=CHCH_2Cl$)	0.02
1,1,1-트리클로로에탄(Cl_3CCH_3)	3
1,1,2-트리클로로에탄(Cl_2CHCH_2Cl)	0.06
트리클로로에틸렌(트리클렌, $CHCl=CCl_2$)	0.3
테트라클로로에틸렌($CCl_2=CCl_2$)	0.1

자릿수 낮은 값이 설정되어 있다.

● 오존층을 파괴하는 물질

할론류, 프레온류는 대기 중에 방출되면 오존층에 도달해 오존(O_3)을 분해시켜 오존의 양이 감소한다(표 3.19). 오존은 320nm보다 짧은 파장의 자외선을 흡수(오존은 O_2와 O로 분리된다)하므로 피부암이나 백내장을 일으키는 유해한 자외선이 지표에 도달하는 것을 막는 배리어라고 할 수 있다. 그러나 오존이 파괴되어 오존량이 감소하면 유해한 UV-B(315~280nm), UV-C(280nm 미만)가 지표에 도달하는 양이 증가한다.

표 3.19 할론류와 프레온류

할론류	할론 1211 $CBrClF_2$, 할론 1301 $CBrF_3$, 할론 2402 $CBrF_2CBrF_2$
프레온류	프레온 11 CCl_3F, 프레온 12 CCl_2F_2, 프레온 22 $CHClF_2$, 프레온 113 CCl_2FCClF_2, 프레온 115 $CClF_2CF_3$, 프레온 114 $CClF_2CClF_2$

● 허용 농도의 개념

일본 산업위생학회는 환경 요인에 의한 직장 내 작업자의 건강 피해를 막기 위한 지

표 3.20 허용 농도의 분류

시간 하중 평균(TLV-TWA time weighted average)	통상 1일 8시간 작업 또는 주간 40시간 작업을 기준으로 한 폭로 한계치
단시간 폭로 한계(TLV-STEL short-term exposure limit)	하루의 어느 15분간의 시간 하중 평균도, 이 수치를 넘어서는 안 된다
최고 값(TLV-C ceiling limit)	순간적으로도 넘어서는 안 되는 농도

침으로 유해 물질의 허용 농도, 생물학적 허용값, 소음, 고온, 한냉, 몸의 진동 등의 허용 기준을 권고하고 있다. 허용 농도(threshold limit value; TLV)란 작업자가 매일 반복 폭로되어도 유해한 영향을 받지 않는 것으로 여겨지는 화학물질의 공기 중 농도이며, 표 3.20에 나타낸 3개의 카테고리가 있다. 표 3.21에는 허용 농도의 예를 나타냈다. 덧붙여 권고치는 일반적인 기준이며, 신체 영향에는 개인차가 있다는 점에도 유의한다.

▶ 칼럼

미나마타병에서 미나마타 조약으로

고도 성장 시대는 공해 문제가 심각했고, 이를 극복하지 않으면 안 되는 시대이기도 했다. 쿠마모토현의 미나마타만에서 한 화학회사가 바다에 배출한 수은화합물이 물고기에 축적했다. 당시 아세틸렌으로 아세트알데히드를 제조할 때 수은 촉매를 이용했던 것에 기인한 것으로 밝혀졌다. 미나마타만에서 수은 오염이 일어난 결과, 수은에 오염된 물고기를 먹은 사람들의 신경계에 심각한 질병이 생겼다. 미나마타병이라고 불린 이 병이 확인된 것은 1956년의 일이다.

미나마타병과 화학공장에 의한 수은 오염의 인과관계를 둘러싸고 객관적인 입장에 서야 할 학자 사이에서도 '인과관계는 인정되지 않는다'라고 하는 입장과 '수은화합물에 의한 중독'이라고 하는 입장으로 나뉘어 오랜 논쟁을 벌였다. 메틸수은이 원인으로 확정된 것은 1968년경이다. 당시 대학에서는 학생들의 공해 문제에 대한 관심이 높아 공해연구회와 같은 서클 활동이 활발했다.

세월이 흘러 수은 오염 방지를 목적으로 국연환경계획(UNEP)이 제정한 「수은에 관한 미나마타 조약」은 참가국이 50국에 달하며, 2017년 8월 16일에 발효되었다. 조약 이름에 Minamata의 지역 이름이 사용된 것에 대한 깊은 의미를 되새기기를 바란다.

표 3.21 허용 농도(TLV-TWA) 예

화합물	허용 농도		화합물	허용 농도	
	(ppm)	(mg/m³)		(ppm)	(mg/m³)
알루신(AsH_3)	0.01	0.032	암모니아(NH_3)	25	17
클로로포름($CHCl_3$)	3	14.7	클로로메탄(CH_3Cl)	50	100
시안화수소(HCN)	5	5.5	사염화탄소(CCl_4)	5	31
디클로로메탄(CH_2Cl_2)	50	170	브롬(Br_2)	0.1	0.65
톨루엔($C_6H_5CH_3$)	50	188	헥산(C_6H_{14})	40	140
메탄올(CH_3OH)	200	260	황화수소(H_2S)	5	7
이산화탄소(CO_2)	5000	9000			

문 제

1. 다음 가운데 바른 표현은 무엇인가?
   ① 화학물질의 유독성에 관한 법률로는 「의약품, 의료기기 등의 품질, 유효성 및 안전성 확보 등에 관한 법률(의약품 의료기기 등 법)」만 시행되고 있다.
   ② 「독물 및 극물 단속법(독극법)」이 「독물」, 「극물」을 정하는 기준 수치로는 LD_{50}이 있다.
   ③ LD_{50}의 수치가 클수록 급성 독성이 강하다.
   ④ 「독물 및 극물 단속법(독극법)」은 「의약용외 화학물질」을 독성의 강도에 따라 「독물」, 「극물」, 「보통물」 그리고 「독물」 중에서 현저한 독성을 가지는 것을 「특정독물」이라고 분류하고 있다.
   ⑤ ①~④ 모두 맞다.

2. 의약품, 의료기기 등의 품질, 유효성 및 안전성 확보 등에 관한 법률(의약품 의료기기 등 법)에 의해 「의약부외품」으로 분류되는 유효 효과는 무엇인가?
   ① 병의 진단, 치료, 예방을 위해서 사용하는 물질
   ② 의약품보다 신체에 대한 작용이 약하지만, 신체에 어떠한 개선 효과가 있는 물질
   ③ 신체를 청결하게 해 미화하는 등의 목적으로 사용하는 물질
   ④ ①~③의 모든 효과를 가진다.

3. 독물과 극물의 보관과 취급 시에 주의해야 할 점은 무엇인가?

　① 마개를 한 용기에 넣어 보관한다.

　② 자물쇠를 채운 약품고에 보관한다.

　③ 사용 장부를 구비하여 필요 사항을 기록한다.

　④ 분실 시에는 관리자에게 신고한다.

　⑤ ①~④의 모든 것을 준수한다.

4. 사용 장부에 기록하는 사항은 무엇인가?

　① 사용자　　　　　　② 사용 일시　　　　　③ 사용량

　④ ①~③ 모두　　　　⑤ ①~③ 모두 기록할 필요는 없다.

5. 다음 물질 가운데 발암 위험성이 있는 화합물은 무엇인가?

　① 톨루엔　　　　　　② 벤젠　　　　　　　③ 염화비닐

　④ 아세톤　　　　　　⑤ 초산에틸　　　　　⑥ 콜타르

　⑦ 살리실산　　　　　⑧ 시클로헥사논

6. 아지화나트륨의 라벨에 (래트, 경구, LD_{50}＝45mg/kg)라고 기재되어 있었다. 아지화나트륨은 독물 또는 극물 중 어느 쪽인가? 또 LD_{50}에서 어떠한 사실을 알 수 있는가?

7. 다음의 화합물은 독물, 극물, 보통물 중 어느 것에 해당하는가?

　① NaCN　　　　　　② CCl_4　　　　　　③ 식염

　④ SeO_2　　　　　　⑤ 질산　　　　　　　⑥ 아비산

　⑦ 수은화합물　　　　⑧ 실리카겔　　　　　⑨ 황린

　⑩ 니켈카르보닐　　　⑪ 요오드화수소　　　⑫ 아닐린

4장 고압가스의 위험성과 안전한 취급

화학계 실험에서는 고체나 액체 물질 외에도 봄베(실린더라고도 한다)에 들어가 있는 질소 가스나 산소 가스, 탄산 가스 등 및 극저온의 실험에서는 액체 질소(액화 질소라고도 한다), 액체 헬륨(액화 헬륨) 등의 고압가스를 빈번하게 사용한다.

고압가스에는 폭발이나 화재의 위험이 있는 것(산소 가스, 수소 가스 등)이나 급성 중독 위험이 있는 것(일산화탄소, 암모니아 등)이 포함된다. 게다가 산소 가스 이외의 고압가스에는 고체나 액체인 물질에는 없는 위험, 즉 산소 결핍을 일으키는 위험이 있다.

이번 장에서는 고압가스의 화재, 독성의 위험에 추가해 산소 결핍증을 발증시키지 않기 위해서는 어떠한 주의를 해야 하는지를 설명한다. 또 사고를 방지하기 위한 바른 취급 방법에 대해서도 해설한다. 한편 고압가스에는 가연성, 지연성, 독성, 산소 결핍 상태의 발생 이외에도 고압이 된 가스의 힘에 의한 물리적인 위험이 잠복하고 있다.

물리적인 위험은 인사사고로도 이어지는데, 실제로 봄베의 파열, 용기 밸브(넥 밸브)의 파손, 부속되는 기구류(압력 조정기, 압력계 등)의 파손은 생명과 관계되는 위험이다. 따라서 이러한 위험을 회피하기 위한 유의 사항이나 고압 봄베로부터 적정하게 가스를 꺼내 사용하기 위한 고압가스 봄베와 압력 조정기의 안전한 취급 방법에 대해서도 설명한다.

4_1. 고압가스의 위험성

4.1.1 고압가스의 분류

수소, 산소, 질소 등 고압가스 용기에 충전되어 있는 기체나 극저온의 실험에서 사용하는 액체 질소, 액체 헬륨 등 전용 용기 안에서 일정한 압력이 넘는 상태로 존재하고 있는 물질을 고압가스라고 정의한다. 고압가스의 안전을 관리하는 「고압가스보안법」은 고압가스를 압축 가스(압축 아세틸렌 가스를 포함)와 액화 가스(액체 질소 등의 저온 액화 가스를 포함한다)로 분류하고 있다. 다음에 상세를 나타낸다. 덧붙여 가스의 압력 표기에는 다양한 압력 단위가 사용되고 있다.

단위를 표 4.1에 정리했다.

표 4.1 압력 환산표

공학기압 (kgf/cm²)	Lb/in² (psi)	기압 (atm)	바 (bar)	파스칼 (Pa)	킬로파스칼 (kPa)	메가파스칼 (MPa)	mmHg (Torr)
1	14.223	0.9678	0.9807	98067	98.067	0.09807	735.56
0.0703	1	0.06805	0.06895	6895	6.895	6895×10^{-3}	51071
1.0332	14.70	1	1.0133	101330	100	0.10133	760
1.0197	14.50	0.9869	1	10000	100	0.1	750.06
10197×10^{-6}	0.145×10^{-3}	9.869×10^{-6}	0.01×10^{-3}	1	0.001	1×10^{-6}	7.501×10^{-2}
10197×10^{-3}	0.1450	9.869×10^{-3}	0.01	1000	1	0.001	7.501
10.197	145.0	9.869	10	1×10^{-6}	1000	1	7501
1.3595×10^{-3}	0.01934	1.316×10^{-3}	1.333×10^{-3}	133.3	0.1333	133.3×10^{-6}	0.07356

● 충전 양식과 성질에 따른 분류

(1) 압축 가스

고압가스 용기(봄베, 실린더라고도 한다)에 압축된 기체로 충전되어 있고 용기 내부의 가스압이 1MPa(상온에서 대기압을 제한 압력계가 가리키는 압력, 1MPa는 약 10atm에 상당) 이상인 것을 압축 가스라고 한다.

주요 압축 가스로는 수소, 산소, 질소, 헬륨, 아르곤, 일산화탄소, 일산화질소, 메탄이 있다. 덧붙여 압축 아세틸렌 가스는 0.2MPa 이상의 압축 가스이다. 분해 폭발성이 있어 봄베 내에 채운 충전재(다공질의 규산칼슘)에 스며들게 한 아세톤 혹은 디메틸포름 아미드에 녹아 있어 사용할 때 기체 상태로 꺼낸다는 점에서 용해 가스로 볼 수 있다.

(2) 액화 가스

가압 또는 비점 이하로 냉각되어 액화한 상태로 용기에 충전되어 있고 용기 내부에서 기화한 가스의 압력이 0.2MPa(대기압을 제한 압력계가 가리키는 압력) 이상인 것을 액화 가스라고 한다. 주요 액화 가스(가압되어 상온에서 액화 상태이다)로는 암모니아, 에탄, 프로판, 부탄, 이산화탄소, 이산화질소, 황화수소, 염소 등이 있다.

(3) 저온 액화 가스

「고압가스보안법」에서는 액화 가스로 분류되고 있지만 가압 압축되어 상온에서도 액화 상태에 있는 프로판 등과는 달리 비점 이하의 극저온으로 차갑게 액화되어 있는 것은 저온 액화 가스라고 부른다.

주요 저온 액화 가스로는 액체 질소(액화 질소라고도 한다. 이하 동일), 액체 헬륨, 액체 수소, 액체 산소가 있다. 저온 액화 가스는 봄베가 아닌 콜드 에바포레이터(cold evaporator; CE), 개방형 용기(시벨이라고도 한다) 등의 보냉 용기에 들어가 있다. 콜드 에바포레이터에서는 내부에서 기화하고 있는 가스의 압력이 0.2MPa를 넘으므로 고압가스로 분류되지만 시벨에 들어가 있는 것은 용기의 구조상 가스압이 0.2MPa를 넘지 않기 때문에 고압가스는 아니다.

한편, 충전 방식이 아닌 성질에 따라 고압가스를 분류할 수도 있다.

(i) 가연성 가스(수소, 메탄, 일산화탄소 등)
(ii) 불연성 가스(질소, 헬륨, 아르곤 등)
(iii) 지연성 가스(산소 등)
(iv) 독성 가스(일산화탄소, 염화수소, 황화수소 등)

위험성이 특히 큰 가스는 고압가스보안협회에서 표 4.2에 나타내는 39종류가 특수 재료 가스로 분류되어 있다. 여기에는 자연발화성 모노실란이나 디실란, 포스핀 그리고 분해 폭발성의 디보란 등이 포함된다.

표 4.2 특수 재료 가스

분류	화합물명
실리콘계	모노실란(SiH_4), 디클로로실란(SiH_2Cl_2), 삼염화실란($SiHCl_3$), 사염화실란($SiCl_4$), 사불화규소(SiF_4), 디실란(Si_2H_6)
비소계	알루신(AsH_3), 삼불화비소(AsF_3), 오불화비소(AsF_5), 삼염화비소($AsCl_3$), 오염화비소($AsCl_5$)
인계	포스핀(PH_3), 삼불화인(PF_3), 오불화인(PF_5), 삼염화인(PCl_3), 오염화인(PCl_5), 옥시염화인($POCl_3$)
붕소계	디보란(B_2H_6), 삼불화붕소(BF_3), 삼염화붕소(BCl_3), 삼브롬화붕소(BBr_3)
금속 수소화물	셀렌화수소(H_2Se), 모노게르만(GeH_4), 테루르화수소(H_2Te), 스티빈(SbH_3), 수소화주석(SnH_4)
할로겐화물	삼불화질소(NF_3), 사불화황(SF_4), 육불화텅스텐(WF_6), 육불화몰리브덴(MoF_6), 사염화게르마늄($GeCl_4$), 사염화주석($SnCl_4$), 오염화안티몬($SbCl_5$), 육염화텅스텐(WCl_6), 오염화몰리브덴($MoCl_5$)
금속 알킬화물	트리메틸갈륨($Ga(CH_3)_3$), 트리에틸갈륨($Ga(C_2H_5)_3$), 트리메틸인듐($In(CH_3)_3$), 트리에틸인듐($In(C_2H_5)_3$)

● 봄베의 색과 각인

가스 봄베의 색에는 기본적으로 회색이 사용되고 있지만 표 4.3에 나타내는 가스의 봄베에는 다른 색이 사용되고 있다. 가스 봄베에는 그림 4.1에 나타내는 각종 정보가 각인되어 있다.

표 4.3 가스의 종류와 가스 봄베의 색

가스	가스 봄베의 색	가스	가스 봄베의 색
산소(O_2)	흑색	암모니아(NH_3)	백색
수소(H_2)	적색	염소(Cl_2)	황색
이산화탄소(CO_2)	녹색	아세틸렌(C_2H_2)	다갈색

봄베에는 봄베에 대한 여러 가지 정보가 각인되어 있다는 것은 이미 말했는데, 예를 들어 FP와 TP는 각각 최고 충전압과 내압 시험값이며, TP의 값이 큰 것은 최고 충전압의 3분의 5배 압력으로 시행하기 때문이다.

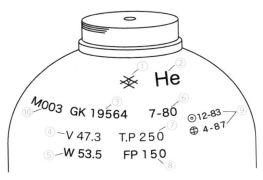

① 용기 제조업자의 명칭 또는 그 부호 ② 충전되어 있는 가스의 종류 ③ 용기의 기호 및 번호
④ 내용량(기호 V, 단위 L) ⑤ 밸브 및 부속품을 포함하지 않는 질량(기호 W, 단위 kg), 아세틸렌용의 경우 : 다공질물, 밸브를 더한 질량(기호 TW. 단위 kg) ⑥ 제조연월 각인
⑦ 내압시험에서의 압력(기호 TP, 단위 kg/cm² 혹은 메가파스칼에서 단위 M을 붙여 표시)
⑧ 최고 충전 압력(압축 가스에 한한다, 기호 FP, 단위는 TP와 같다)
용기 재검사(내압시험)에 합격했을 경우에는 ⑨ 재검사의 연월 ⑩ 용기 소유자 등기기호 번호

그림 4.1 봄베의 각인

● 봄베에서 가스를 꺼낼 때 주의 사항

저온 액화 가스 이외의 고압가스는 모두 봄베로부터 기체를 꺼내 사용한다. 압축 가스와 액화 가스의 봄베 외관은 같다. 액화 가스와 아세틸렌 가스는 반드시 봄베를 세운 상태에서 가스를 꺼낸다. 압축 아세틸렌 이외의 압축 가스는 봄베를 넘어뜨려 사용할 수도 있다. 또 봄베에는 압력 조정기를 장착하여 조작하는데 압력 조정기의 조작 방법은 4.2.2항에서 자세하게 설명한다. 표 4.4에는 각종 고압가스의 위험성을 정리했다.

4.1.2. 폭발ㆍ화재, 산소 결핍의 위험
● 고압가스의 가연성과 위험성

가연성 고압가스에 대한 연소 범위(폭발 범위)와 발화점을 표 4.5에 나타낸다.

연소 범위는 발화 가능한 가연성 기체의 공기에 대한 비율이고 가연성 기체의 용량%(vol%)에 의해 상한과 하한이 표시된다. 가연성 가스의 봄베에는 가연성임을 나타내는 [연(燃)]이 표시되어 있다(사진 4.1).

표 4.4 고압가스의 위험성

가스	가연성	지연성	유독성	산소 결핍 발생
수소(H_2)	위험	없음	없음	위험
질소(N_2)	없음	없음	없음	위험
헬륨(He)	없음	없음	없음	위험
아르곤(Ar)	없음	없음	없음	위험
이산화탄소(CO_2)	없음	없음	없음	위험
염화수소(HCl)	없음	없음	위험	위험
산소(O_2)	없음	위험	없음	없음
암모니아(NH_3)	위험	없음	위험	위험
일산화탄소(CO)	위험	없음	위험	위험
아세틸렌(C_2H_2)	위험	없음	없음	위험
에틸렌(C_2H_4)	위험	없음	없음	위험
프로판(C_3H_8)	위험	없음	없음	위험
염소(Cl_2)	없음	없음	위험	위험

표 4.5 가연성 가스의 연소 범위와 발화점

가연 가스	연소 범위(%)	발화점(℃)	가연 가스	연소 범위(%)	발화점(℃)
일산화탄소(CO)	12.5~74	651	메탄(CH_4)	5~15	537
수소(H_2)	4~75	500	에탄(C_2H_6)	3~12.5	472
암모니아(NH_3)	15~28	651	프로판(C_3H_8)	2.1~9.5	432
아세틸렌(C_2H_2)	2.5~거의 100	305	부탄(C_4H_{10})	1.6~8.5	287
황화수소(H_2S)	4~44	260	에틸렌(C_2H_4)	2.7~36	450

가연성 가스이므로 (燃) 표시가 있다.

사진 4.1 가연성 가스(일산화탄소)의 봄베 예

● 고압가스 화재 대처법

(1) 봄베의 가스 출구에서 가연성 가스가 불탔을 때 조치

 ① 봄베의 밸브(용기 밸브)를 닫으면 불은 꺼진다.

 ② 화기가 강해서 접근하지 못할 때는 탄산가스 소화기 혹은 분말(ABC) 소화기로 불을 끈 후 밸브를 닫는다.

 ③ 불은 꺼졌지만 어떠한 이유로 밸브를 닫지 못해 가연성 가스가 실내에 계속 새고 있는 경우는 매우 위험하다. 가스가 방에 충만하여 인화하면 대폭발이 일어날 우려가 있어 피난을 포함해 새로운 대처가 필요하다.

(2) 가연성 가스가 계속 샐 경우 추가 대처법

 ④ 모든 발화원이 될 만한 것을 신속하게 제거(전원을 배전반에서 차단한다)한다.

 ⑤ 봄베를 안전한 장소로 운반한다(독성이 있는 가스는 방독 마스크 없이는 위험).

 ⑥ 봄베를 운반할 수 없는 경우는 창, 문 등을 열어 가스가 실외로 빠져나가게 한다.

 ⑦ 주위 사람에게 가스가 누설되고 있음을 알린다.

● 고압 산소의 지연성

산소 가스는 가연성도 유독성도 아니고 산소 결핍 상태가 발생할 위험도 없지만, 고압 산소의 지연성은 화재 발생의 원인이 된다. 표 4.6에 나타내듯이 고압 산소 분위기에서는 모든 것의 최소 발화 에너지가 작으므로 공기 중에서는 위험하지 않은 작은 에너지가 더해져도 가연물은 발화해 공기 중보다 격렬하게 불탄다. 산소 가스는 궁극의 산화제라고 할 수 있다.

유지류나 산화되기 쉬운 금속류 등에 접촉하면 산화시켜 그 반응열로 발화한다. 고압 산소를 사용할 때는 기름 오염이 있는 실험복이나 장갑, 공구 등을 사용해서는 안

표 4.6 공기와 산소에 의한 가연성 가스의 최소 발화 에너지 비교

가연 가스	최소 착화 에너지 (공기 중, mJ)	최소 착화 에너지 (순산소 가스 중, mJ)
아세틸렌	0.019	0.002
디에틸에테르	0.19	0.0012
메탄	0.28	0.0027

된다.

개스킷이나 패킹 등도 반응할 가능성이 있으므로 산화되기 쉬운 재질의 것은 사용을 피해야 한다. 화재 발생 위험성으로 말하자면 고압 산소는 실험에서 사용하는 고압가스 중에서 가장 위험하다.

● 고압가스의 유독성

제한량(공기 중의 허용 농도)이 200ppm 이하인 가스를 유독 가스라고 한다.

염소 가스, 일산화탄소 가스, 암모니아 가스 등이 상당한다. 유독 가스의 봄베에는 독(毒)이라고 표시되어 있다(사진 4.2).

이러한 가스는 드래프트 챔버를 사용하는 것은 당연하지만, 특히 무취의 일산화탄소 가스는 누출되어도 쉽게 눈치채지 못해 사고가 일어날 가능성이 높다. 사진 4.3에 나타낸 가스 검지기를 이용해 안전에 힘써야 한다.

유독 가스이므로
(毒) 표시가 있다.

사진 4.2 유독 가스(일산화탄소)의 봄베 예

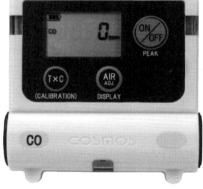

사진 4.3 일산화탄소 가스 검지기
신 코스모스전기주식회사의 허가를 얻어 전재

● 산소 결핍 상태의 위험과 대처법

질소 가스, 헬륨 가스 등 가연성, 독성, 지연성 등의 위험이 없는 가스도 산소 가스 이외의 가스가 대량으로 실내에 누설되면 산소 결핍 상태가 발생할 위험이 있다. 인간이 안전하게 호흡 가능한 공기 중의 산소 농도는 75%~18%이며, 75%를 넘으면 산소 과다 폭로에 따른 위험이 발생한다. 18% 이하 상태를 산소 결핍 상태라고 부른다. 일반적인 증상은 16%에서 두통이나 구토, 집중력 저하, 12%에서 근력 저하로 몸이 말을 듣지 않는다.

10%에서 의식 불명 상태, 8%에서 혼수 상태, 6%에서 호흡 정지 상태가 된다고 여겨지고 있다.

산소 결핍 상태의 발생은 가스 사용 중에 한하지 않고, 봄베를 보관하고 있을 때에도 봄베의 밸브 결함 등으로 가스가 계속 새 방이 산소 결핍 상태가 되는 일이 있다. 대량으로 가스를 사용할 때, 배기 가스가 실내에 방출되는 경우나 봄베를 실내에 보관하고 있는 경우는 방의 환기(통풍)에 신경 써야 한다. 좁은 공간에서 가스를 사용하는 실험 중에 속이 메스꺼워지면 산소 결핍 상태를 의심하고 즉시 환기해야 한다.

극단적으로 산소 농도가 낮은 공기는 한 번 호흡으로도 의식을 잃고 쓰러져 탈출하지 못해 사망할 위험이 있다.

산소 결핍으로 넘어진 사람을 구조하기 위해서 공기 호흡기 등의 장비 없이 산소 농도가 낮은 장소에 들어간 사람이 산소 결핍으로 사망하는 2차 재해 사례도 많다. 구조는 신속해야 하지만, 당황하지 말고 신중하게 행동해야 한다. 여러 명이 구조 활동을 하는 것이 바람직하다.

위험사례 • 주의

(1) 고압 산소를 사용하는 중에 압력 조정기에서 불길이 치솟았다. 압력 조정기 내부에 부착되어 있던 금속 가루와 가스의 마찰열로 인해 발화한 것으로 볼 수 있다.

(2) 드라이아이스를 뒷좌석에 싣고 아이들링했더니 기분이 나빠졌다. 이유는 차내에 이산화탄소 가스가 충만했기 때문에 중독 증상이 시작된 것이라고 생각된다.

4.1.3 저온 액화 가스의 위험

용기 속에서 기화한 가스의 압력이 0.2MPa를 넘는 것은 「고압가스보안법」에서 액화 가스로 분류되고 있다. 다만 상온, 상압에서는 기체로 존재하지만, 비점 이하의 극저온으로 냉각되어 액화하는 것은 저온 액화 가스로 분류된다.

액체 산소와 액체 수소는 모두 위험성이 크기 때문에 통상의 실험에서 사용하는 일은 없지만 화학 실험에서 냉각제로 자주 사용하는 것은 액체 질소와 액체 헬륨이다. 그러나 액체 질소나 액체 헬륨을 이용했을 경우에는 보다 비점이 높은 공기 중의 산소가 액화해 트랩에 응축하는 일이 있다. 액화 산소는 위험하므로 충분히 주의할 필요가 있

표 4.7 저온 액화 가스의 성질

저온 액화 가스	비점(K)	증발열(kJ/L)	기체와 액체의 체적비
액체 산소	90.19	300	875
액체 질소	77.35	161.3	710
액체 수소	20.40	31.6	867
액체 헬륨	4.22	3.1	780

다(표 4.7).

　액체 질소는 보냉 설비인 콜드 에바포레이터(cold evaporator; CE)로부터 보관하기 위해 개방형 용기 시벨에 퍼내 실험실로 옮겨 사용한다(사진 4.4). 한편, 보다 대량의 액체 질소가 필요할 때는 자가압식 용기 셀퍼에 퍼담아 운반한다. 덧붙여 액체 헬륨용 자가압식 용기를 베셀이라고 한다.

사진 4.4
(a) 콜드 에바포레이터(CE) (b) CE에서 액체 질소 추출 (c) 개방형 용기(시벨)
(d) 자가압식 용량(셀퍼) (e) 엘리베이터로 운반할 때 표식 (f) 질소 풍선을 이용한 실험 예

● 액체 질소, 액체 헬륨을 실험에서 사용할 때의 위험

액체 질소, 액체 헬륨은 가연성도 유독성도 아니지만 잘못 취급하면 생명과도 직결되는 위험한 사태가 발생한다. 액체가 기화하면 체적이 현저하게 증가한다. 때문에 저온 액화 가스의 용기를 밀폐하는 등 잘못된 방법으로 사용하면 내부 압력에 의해 용기가 파열할 수 있다. 또 기화한 가스이기 때문에 액화 가스를 사용하고 있는 방이나 보관하고 있는 방이 단숨에 산소 결핍 상태가 될 위험성이 있다. 산소와 질소는 비점에 차이가 있기 때문에 용기 내에서 액체 질소를 장시간 공기에 접하게 하면 보다 비점이 높은 공기 중 산소가 액화해 액체 질소에 녹아 위험하다.

● 액체 질소를 운반할 때의 위험

액체 질소는 여러 명이 운반하는 것이 바람직하다. 내용적이 작은 용기(시벨)는 둘이서 수직 상태(매달아)로 해 옮긴다. 운반에 사용하는 시벨은 경부(頸部)의 구조가 취약하다. 액화 가스가 들어 있는 상태로 용기를 비스듬하게 하면 중량이 경부에 집중해 경부가 접힐 수 있다. 셀퍼와 같이 운반에 사용하는 용기가 비교적 대형이어서 대차를 사용해 옮길 때는 반드시 두 명 이상이 옮긴다. 진동이나 충격에 의해 용기가 파손될 우려가 있으므로 높낮이가 있는 장소에서는 신중하게 옮긴다.

위층으로 옮길 때 엘리베이터를 사용하는 경우는 특히 조심해야 한다. 엘리베이터는 좁은 밀실이어서 엘리베이터가 도중에 멈춘 상태에서 용기에서 기화한 가스가 새는 사고가 일어나면 엘리베이터 내부는 순식간에 산소 결핍 상태가 된다.

따라서 엘리베이터에는 운반하는 사람은 동승하지 않고 무인운전을 실시한다. 즉, 용기만 실어 엘리베이터를 출발시키고 목적 층에서 다른 사람이 대기해 도착한 용기를 내린다.

중간에 다른 사람이 타지 않게 주의 표시를 해야 한다. '위험물 운반 중, 출입금지'라고 적힌 표지판을 엘리베이터 입구에 설치하는(사진 4.4(e)) 동시에 똑같은 표식을 엘리베이터 내에도 비치하는 것이 좋다. 대차째 싣는 경우는 대차가 움직이지 않게 고정해 용기가 넘어지지 않게 한다.

● 저온 액화 가스 저장용 용기의 구조와 사용법

저온 액화 가스 저장용 용기(시벨과 셀퍼)는 보냉 용기 내에서도 항상 기화하고 있기 때문에 용기를 밀폐하면 기화한 가스의 압력으로 용기가 파열할 우려가 있다. 따라서 밀폐는 엄금하고 기화한 가스는 항상 용기 밖으로 배출해야 한다.

액체 질소의 경우 용기 내에서 기화한 질소 가스는 대기 중으로 방출된다. 다만 귀중한 자원인 헬륨은 저장 용기 내에서 기화한 헬륨 가스를 회수 밸브(질소의 방출 밸브에 해당한다)에 재액화하는 설비로의 회수 라인 또는 가스백을 연결하여 회수해서 재액화해 이용한다.

누구나 간편하게 사용할 수 있는 액체 질소 저장 용기의 구조를 설명한다. 시벨이라고 불리는 개방식 용기는 콜드 에바포레이터로부터 펌핑한 액체 질소를 실험실로 옮기는 데 사용하는 소형 용기로 내용적이 5L에서 30L 정도인 것이 많다. 구조는 그림 4.2와 같은 외부 탱크를 진공 상태로 한 듀어병형 구조로 외부 탱크가 그대로 케이스가 된 것도 있지만 듀어병 부분을 보호하기 위해서 케이스에 넣은 것이 많다.

즉, 개방형 용기는 듀어병 부분을 보호하는 케이스의 형태에 따라 외관은 다양하지만 내부 구조는 모두 같다.

개방식 용기는 구조가 간단하지만 다음의 점에는 충분히 유의할 필요가 있다.

대기와의 자유로운 접촉을 피하고 넥 부분에 수분이 동결하는 것을 방지하기 위해 저장 중에는 부속 캡을 씌워 둬야 한다. 덧붙여 캡에는 기화 가스를 빼내는 작은 구멍이 있고 캡은 살짝 올려놓았을 뿐이다. 따라서 캡을 씌운다고 해서 용기가 밀폐 상태가 되는 것은 아니다. 용기를 기울여 액체를 흘리는 것은 최대 10L 정도의 용기까지로 한

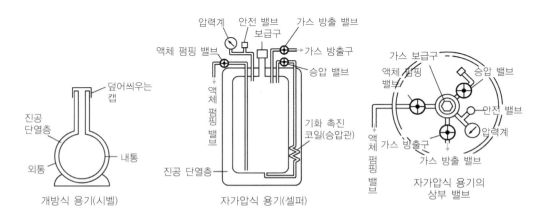

그림 4.2 액체 질소 저장 용기의 구조

정한다. 그보다 대용량의 용기에 액체 질소가 많이 들어가 있는 경우는 용기를 기울이면 구조상 경부가 약하기 때문에 파손할 우려가 있으므로 전용 사이펀을 사용하는 것이 바람직하다.

한편 셀퍼라고 불리는 자가압식 용기는 내부에서 기화한 가스의 압력을 이용해 액화가스를 밀어내는 구조로 되어 있다. 일반적으로 내용적이 50L를 넘기 때문에 액체 질소를 대량으로 사용하는 장소에서 이용한다. 자가압식 용기의 구조와 사용법은 약간 복잡하다.

용기의 상부에는 그림 4.2와 같이 다른 탱크로부터 액체 질소를 옮겨 넣기 위한 보급구(보급 후에는 나사로 밀전한다), 가스 방출 밸브, 승압 밸브, 액체 추출 밸브 등의 각 밸브, 압력계, 안전 밸브 등이 붙어 있다(그림 4.2). 자가압식 용기는 밸브를 잘못 조작하면 용기가 밀폐되어 버리므로 사용할 때는 사전에 밸브의 기능을 이해하고 조작 순서를 틀리지 않아야 한다. 다음에 순서를 설명한다.

● 자가압식 용기의 사용 순서

(1) 액체 질소 셀퍼에서 추출

가스 방출 밸브를 닫고 승압판을 열면 액체 질소는 승압관(코일)에 유입된다. 여기서 강제적으로 기화한 가스가 용기 내부로 돌아가 내부의 가스압을 높인다. 적절한 압력이 되면 액체 펌핑 밸브를 열어 액체를 퍼올린다. 펌핑 중에는 항상 압력계로 내부의 가스압을 감시한다.

최근에는 스테인리스 듀어병을 주로 사용하지만 보냉 능력은 유리 제품이 더 우수하다. 그러나 유리 듀어병에 약간의 흠집이 있으면 액체 질소를 넣었을 때 흠집 난 장소가 급격한 온도차 때문에 큰 소리와 함께 갈라지는 일이 자주 있다.

또 갈라졌을 때 유리 파편이 위로 흩날리므로 얼굴을 가까이 들이대고 있으면 얼굴을 다칠 수 있다. 스테인리스, 유리 어느 것을 사용하든 병이 급냉하지 않도록 천천히 옮겨 담아야 한다. 위험 예방을 위해 보호 안경을 착용한다.

(2) 액체 질소의 셀퍼 저장

승압 밸브와 추출 밸브를 닫고 가스 방출 밸브를 열어 기화한 가스를 항상 뺄 수 있는 상태로 한다. 즉, 가스 방출 밸브는 상시 열어 두어 밀폐 상태를 피한다.

(3) 동상의 위험

액체 질소는 직접 손에 묻었을 경우 매우 소량이라면 즉시 증발해 버리므로 동상에 걸릴 우려는 적지만, 극저온으로 냉장되어 있는 것(특히 금속류)을 맨손으로 만져서는 안 된다. 취급할 때는 가죽 장갑을 사용한다. 면 장갑은 액체 질소가 묻으면 액체가 장갑에 스며들어 동상이 심해질 수 있고 극저온으로 냉장되어 있는 것에 손을 대면 수분

위험사례 ●

저온 액화 가스에 의한 위험

(1) 액체 질소 콜드 에바포레이터가 파열했다. 기화 가스 방출 밸브가 닫힌 상태에서 안전 밸브가 작동하지 않았기 때문에 기화 가스에 의한 내압이 상승한 것이 원인이다.

(2) 대학의 저온 실험실에서 정전 때문에 냉동기에 이상이 생겨 방의 저온을 유지하기 위해 실내에 액체 질소를 살포(추정)한 결과, 산소 결핍 상태가 발생했다. 이 행위는 매우 위험하다.

(3) 사업소에서 액체 질소를 콜드 에바포레이터로부터 배관을 사용하여 연구실 내의 개방형 용기에 옮기던 중 작업자가 급한 용무로 자리를 비웠다. 잠시 후 실내로 돌아오자마자 바로 쓰러졌다. 실내가 산소 결핍 상태였던 것으로 생각된다.

(4) 유기용매를 포함한 세라믹스 가루를 액체 질소로 냉각 중, 공기 중의 산소가 응축해 폭발적으로 발화하였다.
액화한 산소와 유기용매의 접촉은 매우 위험하다. 연구실의 액체 질소 트랩 역시 액화한 산소의 발생에는 항상 주의한다.

(5) 개방식 용기에 액체 질소를 넣어 방치했는데 뚜껑이 날아갔다. 방출구 주위에 대기 중 수분이 응결해 얼음이 되어 가스를 빼는 것이 불가능해 내부의 가스압이 상승했기 때문이다.

이 얼어붙을 가능성도 있다. 마찬가지로 신발도 액체가 스며들지 않는 것을 착용하는 것이 좋다. 만일, 동상에 걸렸을 때는 미온수로 20~30분 정도 따뜻하게 응급처치 후에 전문의의 치료를 받는다.

4_2. 고압가스의 안전한 취급

4.2.1 물리적인 힘에 의한 위험

특수 재료 가스(모노실란, 알루신, 포스핀 등) 이외의 가스는 봄베 내부의 화학반응에 의해 봄베가 파열할 가능성은 없다. 봄베의 파열은 외부로부터 큰 열이 가해져 내부의 가스가 팽창, 가스압이 상승해 봄베의 내압 한계를 넘었을 때 일어난다. 따라서 위험을 방지하기 위해서는 봄베를 시원하고 통풍이 잘 되는 장소에 두어 직사광선이나 고온의 물체로부터 복사열이 닿지 않게 한다.

봄베의 파열은 사망 사고로 이어질 우려가 있기 때문에 모든 봄베에는 내부의 가스압이 비정상적으로 높아지면 자동으로 작동해 가스를 날려보내 봄베의 파열을 막는 안전 밸브가 붙어 있다.

안전 밸브에는 파열판식, 스프링식, 가용전식이 있다. 파열판식과 가용전식은 일단 작동하면 봄베 내의 가스가 빠져 버리므로 실내에서 작동하면 대량의 가스가 방에 충만해 폭발이나 중독 그리고 산소 결핍 위험성이 높다. 따라서 안전 밸브의 작동도 결코 안전하지 않고, 만일 안전 밸브가 작동한 경우도 고려하여 봄베를 놓는 장소를 선정해야 한다. 또 봄베의 페럴 캡과 안전 밸브는 형상이 약간 비슷하다. 페럴 캡 탈착 시에 안전 밸브를 잘못 만져 파손하지 않게 조심해야 한다.

● **파열판식 안전 밸브**

파열판식 안전 밸브는 산소나 수소, 질소, 헬륨 등 많은 압축 가스의 봄베에 채용되고 있다(사진 4.5). 내부 가스압이 내압 시험값의 0.8배가 되면 파열판이 깨져 가스가 날아간다. 일단 작동하면 내부 가스압이 거의 대기압과 같아질 때까지 가스가 빠져 나간다.

그림 4.5 봄베 상부와 파열식 안전 밸브
일반적인 넥 밸브가 달린 봄베 상부: 점선의
원으로 둘러싸인 부분은 파열식 안전 밸브로
안쪽에는 캡이 달린 가스 출구가 있다.

● 스프링식 안전 밸브

스프링의 힘으로 작동하는 압력을 조정한다. 스프링식 안전 밸브는 일단 작동해도
내부의 가스압이 내려가면 자동적으로 원래의 상태로 복귀한다. 작동하는 압력은 가스
의 종류에 따라서 다르다. 스프링식 안전 밸브가 붙어 있는 주요 고압가스의 봄베에는
액화 이산화탄소, 액화 암모니아, 액화 프로판, 액화 에틸렌, 액화 염화수소, 액화 염소
등이 있다.

● 가용전식 안전 밸브

가용전식 안전 밸브는 압축 아세틸렌의 봄베로 사용되고 있다. 보통 봄베의 어깨 위
치 또는 저부에 붙어 있다. 용전(fusible plug)은 봄베 본체가 $(105\pm5℃)$로 가열되면
녹아 가스를 발산한다. 일단 작동하면 내부의 가스는 빠진다.

● 넥 밸브의 파손

봄베 본체는 일체형으로 만들어져 있어 일반적으로 전도로 파손하는 일은 없지만,
실험에서 사용하는 일반적인 중형의 봄베(길이 약 140cm, 중량 약 60kg)가 넘어졌을
경우, 봄베에 장착된 청동 또는 황동으로 만든 넥 밸브가 부러지는 일이 있다. 넥 밸브
가 파손되면 고압의 가스가 분출해 인화 폭발, 중독, 산소 결핍 발생 등의 위험이 일어
날 뿐만 아니라 가스 분사의 반동으로 봄베가 튀어올라 인사사고가 일어난 사례도 있
기 때문에 주의가 필요하다(사진 4.6).

사진 4.6 넥 밸브 보호 가드가 달린 봄베
그림 4.5의 예와 달리 봄베의 개폐 시에 스핀들을 움직일 필요가 있으므로
전용 렌치를 이용한다.

위험사례 ●
주의

(1) 오래된 산소 봄베를 이동시키기 위해 가로로 놓았더니 넥 밸브가 꺾여서 가스가 분출하고, 봄베가 날아가 근처에 있던 작업자를 직격해 부상을 입었다.
(2) 탄산가스 봄베를 이동시키기 위해 트럭에 싣던 중 봄베가 짐받이에서 낙하하여 넥 밸브가 꺾이고 봄베가 날아가 통행인이 다쳤다.
(3) 오래된 공기 봄베를 폐기하기 위해 봄베에 남아 있는 공기를 빼는 작업 중 넥 밸브가 꺾여 공기가 분출했고 봄베는 지붕을 뚫었다.
(4) 봄베로부터 감압 조정 밸브를 통해 오토클레이브에 수소 가스를 도입하는 실험을 하다가 수소 봄베가 전도해 감압 조정 밸브가 떨어져 나갔고 실험실 내를 봄베가 돌아다녔다.

● 밸브 파손 방지책

(1) 전도 방지를 위해 두 곳에서 고정한다

봄베는 전도하지 않도록 한 곳이 아닌 두 곳에서 고정한다. 지진이나 어떠한 충격에도 전도하지 않게 봄베는 전용 받침대, 실험대 등에 금속 쇠사슬이나 전용 밴드 등으로 단단히 고정해 둔다.

쇠사슬 등은 상하에 두 줄로 휘지 않게 고정하는 것이 바람직하다. 지진 시에 한 줄로 고정되어 있던 봄베가 넘어진 사례는 많다.

(2) 넥 밸브를 보호하기 위한 전용 용구를 장착한다

봄베에는 넥 밸브가 노출되어 있는 것과 넥 밸브를 보호하는 가드가 고정되어 있는 것이 있다. 넥 밸브가 노출되어 있는 봄베의 경우는 가스를 사용하지 않을 때나 봄베를 이동시킬 때 반드시 보호 캡을 해 넥 밸브의 파손을 방지하고, 봄베를 이동시킬 때는 캡을 한 봄베를 조금 기울여 봄베의 바닥 가장자리로 굴린다. 이 방법은 실내나 복도에서 얼마 안 되는 거리를 이동시킬 때는 상관없지만 장거리를 옮길 때는 보호 캡을 씌우고 봄베 전용 운반차에 쇠사슬로 고정해 이동시킨다.

(3) 보호 가드가 포함된 봄베에는 스핀들을 돌리는 핸들을 장착한다

넥 밸브가 노출되어 있는 봄베에는 스핀들을 돌리기 위한 원형 핸들이 고정된 형태로 장착되어 있다. 한편, 보호 가드가 붙어 있는 봄베의 넥 밸브에는 스핀들을 돌리는 핸들은 없다.

보호 가드가 있는 봄베는 보호 가드를 붙인 상태로 압력 조정기나 배관을 탈착할 수 있지만, 스핀들을 돌리는 핸들은 붙어 있지 않다. 스핀들의 끝은 사각형이므로 일반 렌치(스패너)로도 돌릴 수 있지만 스핀들을 손상시키므로 스핀들을 개폐할 때는 반드시 전용 렌치를 사용한다. 가스 사용 중에 일어나는 긴급한 사태에도 신속하게 닫을 수 있도록 전용 렌치는 장착한 상태로 둔다. 한편 가스를 사용하지 않을 때는 안전상 바깥에 두는 것이 바람직하다.

● 압력계 파열 위험

압력 조정기뿐 아니라 고압가스를 사용하는 기구나 장치에는 압력계(압력 게이지)가 붙어 있다. 가장 일반적으로 사용되고 있는 것은 프랑스의 Eugene Bourdon가 고안한 부르돈관식 압력계이다(그림 4.3). 압력계에 사용되고 있는 부르돈관은 오른쪽 단면이 편평하고 중공의 금속관으로 되어 있으며 관은 내부의 가스압에 의해 신축한다. 따라서 내부의 가스압이 상승하면 부르돈관의 단면은 편평한 상태에서 원형에 가까워지는 동시에 C자의 원호가 펼쳐진다.

가스압이 낮아지면 원래대로 돌아간다. 고압용 압력계의 관은 고압에도 견디는 튼튼한 강철의 인발관, 저압용은 작은 압력의 변화도 감지할 수 있는 비교적 부드러운 청동이나 황동 등으로 만든다. 부르돈관식 압력계는 정압을 재는 기구이므로 수은주 마노

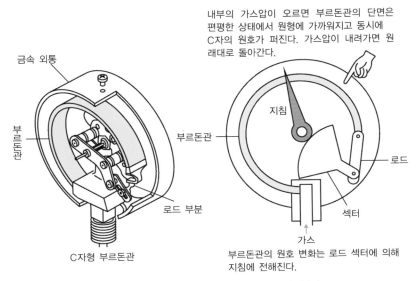

내부의 가스압이 오르면 부르돈관의 단면은 편평한 상태에서 원형에 가까워지고 동시에 C자의 원호가 퍼진다. 가스압이 내려가면 원래대로 돌아간다.

금속 외통

부르돈관

부르돈관

지침

로드

로드 부분

섹터

C자형 부르돈관

가스

부르돈관의 원호 변화는 로드 섹터에 의해 지침에 전해진다.

그림 4.3 부르돈관식 압력계의 구조와 원리

미터와 같은 부압은 측정할 수 없다. 부르돈관은 내부의 가스압이 한계를 넘으면 파열하지만 특히 저압용은 한계의 압력치가 낮기 때문에 무심코 압력을 과하게 걸면 부르돈관이 파열해 유리나 금속 파편이 흩날려 부상을 입을 수 있으니 주의한다.

파열을 방지하기 위해 부르돈관식 압력계는 고압용, 저압용 모두 눈금판 최대 눈금 값의 60% 이하의 압력으로 사용하는 것이 좋다. 부르돈관이 파열하면 유리 파편, 금속 파편은 압력계의 전방뿐만 아니라 후방으로도 날아간다. 얼굴을 직격하는 위험을 피하기 위해서 부르돈관식 압력계를 읽을 때 결코 정면으로 얼굴을 가까이 해서는 안 된다.

안전하게 볼 수 있는 대각선에서 보거나 화학반응 등에서 특별한 고압을 사용할 때는 압력계의 눈금판을 거울에 비추어 보도록 한다.

4.2.2 압력 조정기의 안전한 취급

고압가스 및 봄베 본래의 1차압을 떨어뜨려 안전하고 안정된 저압 가스로 변환해 추출하기 위한 기구가 압력 조정기이고 엄밀한 압력 조정이 가능하다. 실험실에서 고압가스를 사용하려면 압력 조정기를 통해 봄베로부터 실험 기구에 직접 가스를 보내거나 혹은 압력 조정기를 통해 고무 풍선(사진 4.4(f)) 같은 다른 가스 저장 장소에 가스를 옮긴 후에 실험기구에 가스를 도입하는 방법이 있다.

어떤 방법을 사용하든 10MPa를 넘는 고압의 가스를 압력 조정기를 이용해 실험에 필요한 저압(통상은 IMPa 이하) 혹은 상압으로 변환하고 나서 실험기구나 실험장치에 보낸다.

유리 실험기구는 가스압으로 파손할 위험이 있기 때문에 기본적으로 가압계에는 이용하지 않는다. 가스 사용량이 적은 상압계 실험에서는 유리 실험기구를 이용할 수 있지만 고무 풍선과 같은 가스 홀더에 가스를 옮기고 나서 사용하는 것이 안전하다.

● 실험에서 사용하는 대표적인 압력 조정기

니들 밸브형은 구조가 단순하고 압력 조정기 내부에서 사고가 거의 일어나지 않아 고압가스를 천천히 빼내는 데는 편리하지만, 가스압을 소정의 압력으로 조정하는 것은 어렵다.

실험실에서 가장 일반적으로 사용되는 압력 조정기에는 2개의 압력 게이지(계측계)가 붙어 있다. 아래에 봄베 내의 가스압을 표시하는 고압 게이지와 조정 후의 압력을 표시하는 저압 게이지를 나타냈다(사진 4.7).

압력 조정기에 의해 봄베 내의 가스압에 거의 영향을 받지 않고 일정한 저압 가스를 꺼낼 수 있지만 구조가 복잡하기 때문에 잘못 조작하면 압력계를 파열시킬 위험이 있다. 또 압력 조정기와 넥 밸브를 접속하는 나사 부위에 결함이 있으면 가스 누출이 일어날 뿐만 아니라 가스압으로 압력 조정기가 날아가 인사사고로 이어질 우려도 있다. 접속할 때는 세심한 주의를 기울여야 한다.

사진 4.7 고압용 및 저압용 부르돈관 게이지
(a) 고압용 게이지(최대 눈금값 25MPa) (b) 저압용 게이지(최대 눈금값 1MPa)

● 일반적인 압력계가 2개 붙어 있는 압력 조정기와 사용법

고압력을 저압력으로 변환하기 위해 압력계(게이지)가 2개 붙어 있는 압력 조정기는 봄베의 가스압에 좌우되지 않고 안정된 저압으로 가스를 꺼낼 수 있으므로 가장 많이 사용된다(그림 4.4). 한편 조정기 밸브 조작(넥 밸브, 압력 조정 밸브, 스톱 밸브)이 많기 때문에 기능을 이해하고 주의해서 취급해야 한다.

사고를 피하기 위해서는 우선 넥 밸브를 열기 전에 조정기의 모든 밸브의 개폐 상태를 확인한다. 압력 조정기는 조정기의 밸브를 잘못 조작하면 넥 밸브를 여는 순간 문제

▶ **칼럼**

다양한 봄베 나사

고압 봄베를 이용한 저압 실험에서는 넥 밸브의 열림 상태에 따라 압력을 조정하는 것은 불가능하고 반드시 압력 조정기를 장착하고 밸브를 조작해서 조정해야 한다. 한편, 압력 조정기를 장착할 때 접속 나사에 트러블이 일어나는 일이 있다. 주된 이유는 봄베의 가스 출구(캡) 형태가 모든 봄베에 공통되지 않고 가스의 종류에 따라 다양하기 때문이다.

따라서 이것에 접속하는 압력 조정기의 접속 나사 형태도 다종다양하다. 접속 나사의 형식은 기본적으로는 가연성 가스는 왼쪽나사 A형(수컷나사, 캡의 바깥에 나사가 깎여 있다), 그 이외의 가스는 오른쪽나사 A형(수컷나사, 캡의 바깥에 나사가 깎여 있다)이다

그러나 예외도 적지 않다. 헬륨은 불연성이지만 왼쪽나사이고, 또 나사산의 높이가 수소의 왼쪽나사와는 다르다. 암모니아는 가연성이지만 오른쪽나사의 것도 있다. 산소 가스는 한층 더 복잡하여 B형(암컷나사, 캡의 안쪽에 나사가 깎여 있다)과 A형(수컷나사, 캡의 바깥에 나사가 깎여 있다)이 있다. 의료용 산소 봄베는 오사용을 방지하기 위해 독특한 방법으로 접속한 것도 있다.

한편, 아세틸렌 봄베의 넥 밸브 캡에는 나사가 깎여 있지 않기 때문에 전용 바이스를 연결하여 개폐한다. 또 A형, B형 모두 나사의 방향에 오른쪽나사와 왼쪽나사(역나사)가 있다. 게다가 나사의 방향이 같아도 나사산의 높이(W의 폭)에 차이가 있는 것도 있다. 이와 같이 접속 나사의 형식이 복잡하기 때문에 경험이 적은 사람이 일치하지 않는 기구를 억지로 설치하려고 하면 나사를 손상시키는 일도 흔히 볼 수 있다.

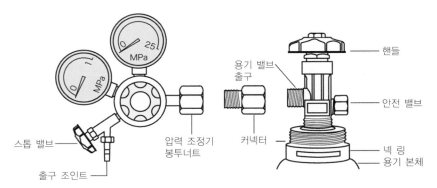

그림 4.4 압력계(압력 게이지)가 달린 압력 조정기와 봄베 접속 예

가 생기는 일이 있다. 예를 들어, 압력 조절 밸브가 열려 있었기(오른쪽으로 돌려 밀어 넣은 상태) 때문에 넥 밸브를 연 순간 2차 측에 고압의 가스가 새 2차 측 압력계가 파손됐다. 만약 그때 스톱 밸브가 열려 있으면 고압가스가 단번에 실험기구에 흘러들어 기구가 파손되기도 한다. 기본적으로 사용 후에는 넥 밸브를 닫고 압력 조정 밸브는 왼쪽으로 돌려(느슨해지는 방향) 닫아 두고 스톱 밸브는 멈출 때까지 오른쪽으로 돌려 닫아 둔다.

정리하면 넥 밸브를 열어 봄베를 안전하게 사용하기 위해 다음의 순서를 따른다.

(1) 스톱 밸브가 오른쪽으로 회전한 방향으로 멈추어 있는지 확인한다.
(2) 압력 조정 밸브가 왼쪽으로 돌린 상태로 느슨해져 있는지 확인한다.

위의 사항을 확인한 후에,

(3) 안전한 위치를 선정해(후술), 넥 밸브를 천천히 왼쪽으로 돌려 마개를 연다.
(4) 가스 봄베의 1차압을 1차압용 부르돈관 게이지의 움직임으로 확인한다.
(5) 계속해서 압력 조정 밸브를 오른쪽으로 돌려(조여지는 방향), 2차압의 상승을 2차압용 부르돈관 게이지의 움직임으로 확인해 임의의 압력으로 한다.
(6) 스톱 밸브를 열어 반응 용기에 가스를 도입한다.

고압(1차 측) 압력계
봄베에 남아 있는 가스의 압력을 나타낸다.

저압(2차 측) 압력계
조정한 압력(기구 등에 보내는 압력)을 나타낸다.

스톱 밸브
압력 조정기로 조정한 저압의 가스를 송출하는 밸브. 왼쪽으로 돌려 연다.

넥 밸브
봄베에 직결되어 있고 왼쪽으로 돌려 열면 1차 측 압력계의 바늘이 천천히 상승하는 정도의 속도로 열린다. 이때 2차 측 바늘이 상승하면 압력 조정 밸브가 개방되어 있기 때문에 위험하다. 넥 밸브를 여는 것을 즉시 중지하고 다른 밸브의 개폐 상태를 확인한다.

압력 조정 밸브
넥 밸브를 연 후 이 밸브를 힘을 주어 누르면서 오른쪽으로 돌리면 열린다. 2차 측 압력계의 압력을 확인하면서 천천히 연다. 누름 나사식이어서 다른 밸브와 개폐 방향이 반대이다.

사진 4.8 압력 조정기와 기능

위험사례 ●●●●●●●●●●●●●●●●●●●●●●●●●●●●●●
주의

메탄 봄베에 압력 조정기를 장착하고 넥 밸브를 열었는데 깜빡하고 압력 조정 밸브를 느슨하게 풀지 않아 2차 측 압력계가 파열했다. 압력계의 창이 플라스틱이고 작업자가 안경을 쓰고 있어 다행히 부상은 없었다.

● 봄베 사용 시 안전한 신체 위치와 밸브 조작

봄베 사고는 주로 넥 밸브를 여는 순간에 발생한다. 만일의 사고로부터 몸을 지키기 위해 봄베를 조작할 때는 신체의 위치에 주의한다. 압력계의 파열 위험, 압력 조정기가 날아갈 위험으로부터 몸을 지키기 위해 봄베의 대각선 뒤쪽에 서서 압력계를 비스듬하게 본다. 절대 정면으로 얼굴을 가까이 대지 않는다. 특히 고압을 사용하는 경우는 압력계를 거울에 비추어 바늘을 읽으면 좋다.

넥 밸브의 핸들은 반드시 천천히 돌린다(밸브는 천천히 연다). 갑자기 열면 압력 조정기 내부나 배관 내부에 존재하는 가스가 단열 압축되어 이상 발열이 일어난다. 갑작스러운 발열로 조정기 내나 배관 내부에서 가연물이 발화하는 사고가 일어날 가능성이 있으므로 산소 가스는 특별히 조심해야 한다.

1차, 2차 2개의 압력계가 붙어 있는 압력 조정기를 사용할 때는 양쪽 압력계의 바늘의 움직임에 주의하면서 넥 밸브를 연다.

만약 2차 측 압력계의 바늘이 움직이는 경우는 압력 조정 밸브가 완전하게 닫히지 않았기 때문에 2차 측에 기체가 도달해 트러블이 일어날 우려가 있다. 천천히 조작해서 열어야 압력 조정기 접속 나사의 결함 같은 가스 누출에도 대처할 수 있다.

또 압력 조정기를 봄베의 넥 밸브 부분에 장착하고 나서 처음으로 밸브를 열 때도 서는 위치에 신경을 써야 한다. 결함이 있으면 가스 누출뿐만 아니라 조정기가 날아가 부상을 입을 수 있다. 압력 조정기는 특히 조심해서 신중하게 장착해야 한다.

● 압력 조정기의 구조

그림 4.5에는 압력 조정기의 구조를 나타냈다. 압력 조정기에는 다이어프램이라고 하는 격벽이 사용된다. 압력 조정 밸브를 오른쪽으로(단단해지는 쪽으로) 돌리면 다이어프램이 밀려 조정 밸브가 열리고 1차압으로 밀린 가스가 2차압 측에 유입된다. 여기서 다시 오른쪽으로 돌리면 또 다시 다이어프램이 밀려 보다 많은 가스가 도입되므로 2차압이 상승한다. 원하는 압력이 된 순간 스톱 밸브를 열면 가스가 반응 장치에 유입된다.

● 압력 조정기와 커넥터

기본적으로 한 종류의 가스에는 하나의 압력 조정기를 준비한다. 하나의 조정기를 몇 종류의 가스에 공유해 사용하는 것은 접속 나사가 고장 나는 요인이 되므로 바람직하지 않다.

가스 봄베 넥 밸브의 가스 출구는 수컷나사인 것과 암컷나사인 것이 있다. 또 나사의 방향이 같아도 나사산의 높이가 차이나는 것도 있다. 봄베 캡이나 압력 조정기 접속 나사의 형식을 변환하기 위해 각종 커넥터를 이용할 수 있다. 예를 들어, 질소 가스용 조

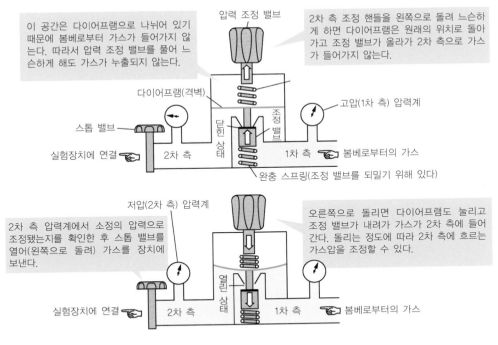

이 공간은 다이어프램으로 나뉘어 있기 때문에 봄베로부터 가스가 들어가지 않는다. 따라서 압력 조정 밸브를 풀어 느슨하게 해도 가스가 누출되지 않는다.

압력 조정 밸브

2차 측 조정 핸들을 왼쪽으로 돌려 느슨하게 하면 다이어프램은 원래의 위치로 돌아가고 조정 밸브가 올라가 2차 측으로 가스가 들어가지 않는다.

다이어프램(격벽)

스톱 밸브

조정 밸브

고압(1차 측) 압력계

닫힌 상태

실험장치에 연결 ☞ 2차 측

1차 측 ☞ 봄베로부터의 가스

완충 스프링(조정 밸브를 되밀기 위해 있다)

저압(2차 측) 압력계

2차 측 압력계에서 소정의 압력으로 조정됐는지를 확인한 후 스톱 밸브를 열어(왼쪽으로 돌려) 가스를 장치에 보낸다.

오른쪽으로 돌리면 다이어프램도 눌리고 조정 밸브가 내려가 가스가 2차 측에 들어간다. 돌리는 정도에 따라 2차 측에 흐르는 가스압을 조정할 수 있다.

열린 상태

실험장치에 연결 ☞ 2차 측

1차 측 ☞ 봄베로부터의 가스

그림 4.5 압력 조정기의 구조와 조작

정기를 수소 가스 봄베에 접속하는 것은 불가능한 것은 아니지만, 안전상 커넥터를 남용하는 것은 바람직하지 않다.

위험사례 •
주의

(1) 10년 이상 경과한 염소 봄베의 용기 밸브가 부식되어 염소 가스를 보관하고 있던 실내로 샜다.

(2) 아황산가스 봄베의 용기 밸브를 열려고 했지만 녹이 슬어 밸브가 움직이지 않았기 때문에 큰 스패너를 사용해 돌리려다가 넥 밸브가 망가져 가스가 나오기 시작했다.

● 금속을 부식시키는 가스

염소 가스나 아황산 가스 등 금속을 부식시키는 가스는 충전 후에 장시간 경과하면 넥 밸브가 부식되어 제대로 닫히지 않아 가스가 계속 새기 때문에 불활성 가스로 충분히 치환하는 조작을 추가하는 등의 대책이 필요하다. 밸브의 부식이 진행하면 개폐가 어려워져 억지로 열다가 밸브가 망가지는 사고가 일어날 수 있어 매우 위험하다 .

▶ 칼럼

use no oil 표시가 있는 압력 게이지가 붙은 조정기

접속 나사의 형식에 상관없이 산소 가스에는 압력계에 use no oil이라는 표시가 있는 압력 조정기를 사용해서는 안 된다(사진 4.9). 이 표시가 있는 기구는 내부에 기름 등의 가연물이 부착하지 않도록 충분히 세척하여 조립한다. 만약 내부에 기름 등이 남아 있으면, 단열 압축열이나 가스의 마찰열로 기구 내부에서 발화할 우려가 있다.

HYDROGEN이라고 표시되어 있는 압력계가 붙어 있는 조정기는 수소 가스용이지만 커넥터를 사

use no oil 표시

사진 4.9 압력 조정기

용하면 질소 가스, 헬륨 가스 등의 불활성 가스에는 사용할 수 있다. 다만 절대로 산소 가스에는 사용해서는 안 된다. 산소 가스에는 반드시 use no oil 표시가 있는 기구를 이용한다. 한편 use no oil 표시가 있는 기구는 산소 가스 이외의 가스에 사용할 수 있다.

1. 압축 가스를 고르시오.
   ① 수소   ② 질소   ③ 일산화탄소
   ④ 암모니아   ⑤ 이산화탄소

2. 봄베 색상에 회색이 사용되는 가스를 고르시오.
   ① 산소   ② 질소   ③ 이산화탄소
   ④ 아르곤   ⑤ 아세틸렌

3. 수소 가스 봄베의 색을 고르시오.
   ① 회색   ② 흑색   ③ 적색
   ④ 황색   ⑤ 녹색

4. 봄베에 각인되어 있는 내용을 선택하시오.
   ① 용기 제조업자의 명칭 또는 그 부호   ② 충전 가스의 종류
   ③ 내용물   ④ 밸브 및 부속품을 포함한 중량
   ⑤ 최고 충전 압력

5. 질소 가스의 위험성을 고르시오.
   ① 가연성   ② 지연성   ③ 유독성
   ④ 산소 결핍 발생   ⑤ ①~④ 모두

6. 일산화탄소 가스와 같은 위험성을 가진 가스를 고르시오.
   ① 수소   ② 이산화탄소   ③ 산소
   ④ 암모니아   ⑤ 아세틸렌

7. 가장 연소 범위가 넓은 가연성 가스를 고르시오.
   ① 수소   ② 아세틸렌   ③ 메탄
   ④ 프로판   ⑤ 에틸렌

8. 유리 트랩에 액체 질소를 이용해 방치한 결과 잠시 후 트랩 내에 액체가 쌓였다. 이 액체는 어떤 현상을 일으킬 수 있는가.

9. 고압가스보안협회에서는 특히 위험한 가스를 특수 재료 가스로 분류하고 있다. 그 예를 3개 적으시오.

10. 셀퍼에 저장한 액체 질소를 취급하는 밸브 조작 시 절대 해서는 안 되는 위험한 조작은 무엇인가.

11. 봄베 취급 시 해서는 안 되는 행위는 어떤 것인가?
　① 가능한 한 쇠사슬 등으로 상하 두 곳을 고정한다.
　② 보호 캡을 씌우지 않고 이동한다.
　③ 스핀들을 돌리는 핸들이 보이지 않아 렌치(스패너)로 스핀들을 돌린다.
　④ 가스 사용 중에는 전용 렌치를 장착한 채 둔다.

12. 왼쪽나사인 A형 가스를 고르시오.
　① 수소　　　　　　② 질소　　　　　　③ 산소
　④ 헬륨　　　　　　⑤ 일산화탄소

13. 사진의 봄베에는 압력 조정기 달려 있다. 각각의 명칭에 상당하는 기호를 나타내시오.

사진. 봄베의 압력 조정기

넥 밸브
압력 조정 밸브
스톱 밸브
고압(1차 측) 압력계
저압(2차 측) 압력계
또, 이중에서 가스를 뺄 때 오른쪽으로
돌리는 밸브는 어떤 것인가.

14. 압축 가스 봄베의 1차압이 5MPa를 나타내고
있었다. 기압(atm)으로 환산하면 얼마인가?

15. 산소 가스에 장착하는 압력 게이지에 대해 조심해야 할 것은 무엇인가?

5장 X선 및 레이저 광의 위험

실험에서 발생할 우려가 있는 건강 상해의 발생원은 화학물질만은 아니다. 연구에는 다양한 실험기구와 장치가 사용되고, 이들을 잘못 취급하면 기구나 장치가 건강에 직접적인 영향을 줄 가능성이 항상 잠복하고 있다. 고에너지 장치라고 불리는 X선이나 레이저 광을 사용할 때는 특유의 심각한 건강상 피해를 유발할 수 있음을 알아야 한다.

즉, 방사선으로 분류되는 X선을 대량으로 피폭하면 직접적으로 생명과 관계되는 위험성이 있고 레이저 광은 화상이나 실명의 우려가 있다. 이번 장에서는 X선, 레이저 광의 인체 위험성에 대해 해설한다.

5_1. X선의 위험

X선 구조 해석 기술의 발달로 전문가가 아닌 일반인들도 X선을 사용하는 장치를 손쉽게 사용하게 되었지만 잘못해서 X선에 방사능 노출되면 생명과도 관련된 중대한 위

표 5.1 고선량 방사선에 의한 장애

방사선량(Sv)	장애 정도
100 이상	중추신경사
10~100	위장사
6~7	골수사(99% 이상 사망)
5	영구 불임
3~4	약 50% 사망
0.25(250mSv)	백혈구의 일시적 감소

험에 노출된다(표 5.1).

따라서 X선을 이용하는 장치를 사용 때는 X선의 위험성을 충분히 인식하고 장치의 조작법을 숙지한 후, 세심한 주의를 기울여 취급해야 한다. X선에 피폭되면 직접 작용 또는 체내의 산소 분자나 물분자를 공격해서 생기는 활성 산소나 라디칼 등이 공격하는 간접 작용으로 DNA를 손상시킨다. DNA의 손상이 완전하게 회복되지 않고 손상이 고정화하면 만성적 방사선 장애가 발생한다.

피폭선량에 의한 영향은 나타나는 방법의 차이에 따라 확정적 영향과 확률적 영향으로 분류된다. 확정적 영향은 피폭량이 임계값(어느 작용을 받았을 경우에 영향이 일어나는지 아닌지의 경계값)을 넘으면 반드시 영향이 나타나고 방사능 노출량이 많을수록 영향의 심각성도 커진다. 신체적 조기 상해의 거의 모든 것은 확정적 영향이다.

조기 상해에는 국소적 상해인 탈모나 백내장 등, 전신적 상해인 조혈 조직 상해, 정상피 상해 등이 있고 피폭량이 많으면 즉사할 위험이 있다. 확률적 영향에는 임계값이 없다고 생각되어 반드시 영향이 나타나는 것은 아니지만 피폭량이 많을수록 영향의 발현 빈도가 높아진다. 확률적 영향으로는 만발적 상해인 암(X선은 IARC 그룹 1이다)이나 유전적 영향 등이 있다.

X선은 파장이 10nm~1pm인 전자파로 인체를 투과해 체내의 원자나 분자를 전리시키는 작용을 하기 때문에 정상적인 세포를 사멸시키거나 손상시킨다. 영향을 받은 세포가 적은 경우는 인체의 회복 기능으로 자연스럽게 회복되지만, 그렇지 않을 때에는 급성 방사선 장애가 발생한다.

급성 방사성 장애는 세포 분열이 활발한 기관(조혈기관 등)일수록 영향을 받기 쉽다. 유전자 DNA에 대해서도 X선은 주의가 필요하다. X선 장치를 사용하는 사람은 관리 구역에 들어가기 전에 반드시 방사선 측정장치(포켓 선량계 등)를 몸에 지녀야 하고(사

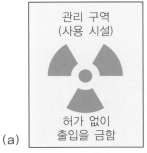
(a)

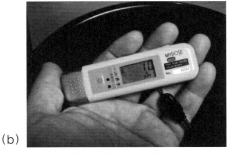
(b)

사진 5.1 X선 관리 구역의 표시(a)와 포켓 선량계(b)

진 5.1), 정기적으로(6개월에 1회) 건강진단을 받도록 법으로 정해져 있다. X선은 눈으로 보이지 않는 만큼 사용할 때는 자신뿐만 아니라 타인에게도 방사능에 노출되지 않도록 사용 규칙을 준수하고 세심한 주의를 기울여 실험에 임해야 한다.

5_2. 레이저 광의 위험

레이저 광(light amplification by stimulated emission of radiation; LASER)은 만들어내는 매질에 따라 다양한 파장이 있다(그림 5.1). 따라서 보호안경은 사용하는 파장에 적합한 것을 착용하지 않으면 전혀 도움이 되지 않는다. X선(10nm~1pm)보다 파장이 길기 때문에 레이저 광에는 인체를 투과하지 않고 분자나 원자를 전리시키는 작용은 없고, 인체에 미치는 영향은 크게 다르다. 레이저 광으로부터 인체가 받는 주요 상해는 강대한 열에너지에 의한 것이다(그림 5.2). 레이저 빔은 원칙적으로 목표

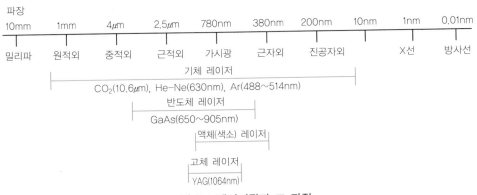

그림 5.1 레이저광과 그 파장

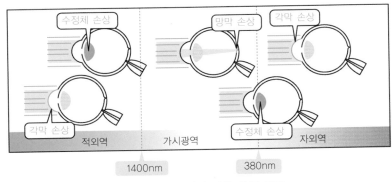

그림 5.2 레이저 광에 의한 안구 장애

표 5.2 레이저 제품의 안전기준(일본공업규격 2014년 개정)

클래스 1	특별한 안전 대책 불필요(안전)
클래스 1C	안부(眼部) 이외의 조직에 접촉시켜 치료용으로 이용한다. 안부 이외의 조직과 접촉하고 있지 않는 경우에는 운전이 정지되거나 출력이 클래스 '1' 이하가 된다.
클래스 1M	보통으로 사용하면 클래스 1과 마찬가지로 특별한 안전 대책은 불필요. 다만, 광학기구를 이용해 레이저 광을 집광해 관찰하면 위험하다.
클래스 2	가시광선 레이저(파장 400~700nm)로 안전. 다만, 장시간 관찰은 눈에 장애를 유발할 가능성이 있다.
클래스 2M	가시광선 레이저(파장 400~700nm)로 광학기구를 이용해 레이저 광을 집광해 관찰하면 위험하다.
클래스 3R	직접적인 빔 내 관찰은 잠재적으로 위험하다.
클래스 3B	직접적인 빔 내 관찰은 위험, 피부에 조사하는 것은 피할 것
클래스 4	극히 위험, 산란광조차 실명할 우려가 있고 피부에 조사하면 화상을 입는다. 가연물을 발화시킨다.

보다 낮은 위치에서 사용한다. 빔은 가능한 한 밝은 장소에서 조정하고 장치를 작동시킬 때는 주위 사람에게 알린다. 레이저 광으로부터 받는 가장 큰 위험은 실명이다. 레이저 광을 사용할 때는 레이저 장치의 출력, 파장을 확인하여 적합한 보호안경을 반드시 착용해야 한다(그림 5.3).

클래스 4의 대출력 장치를 사용할 경우에는 실명 위험뿐 아니라 피부에 화상을 입는 위험도 있다. 의복 등이 발화할 우려도 있으므로 만일 레이저 광을 받는 경우를 생각해 난연성 섬유로 된 긴소매 의복을 착용하는 것이 바람직하다.

레이저 광의 위험도는 클래스 1, 클래스 1C, 클래스 1M, 클래스 2. 클래스 2M, 클래스 3R, 클래스 3B, 클래스 4로 분류된다(표 5.2 참조).

그림 5.3 고출력 레이저 광을 사용하는 장치가 있는
방 출입구의 주의 표시

최근 가시광 영역의 파장을 갖는 반도체 레이저의 개발이 활발하다. AlGaInP로 이루어진 반도체 레이저(파장 : 635~680nm)는 DVD의 신호를 읽고 쓰는 데, 또 GaInN으로 이루어진 반도체 레이저(파장 : 400~530nm)는 블루레이 디스크를 읽고 쓰는 데 각각 이용되고 있다.

▶ 칼럼

레이저 포인터는 안전한가?

레이저 포인터는 지시봉 역할을 하며 강연이나 수업에서도 사용되고 있는데 이전의 적색 레이저에서 녹색 레이저로 완전히 바뀌었다. 그러나 일반적으로 미약한 것을 전제로 만들어진 레이저 포인터의 레이저 광에도 주의가 필요하다. 과거에는 출력이 강해 눈을 상하게 할 수 있는 열악한 레이저 포인터가 초·중학생의 놀이 도구로 나돌았다. 그 결과 시력 저하나 망막 손상 등의 사례가 보고되기도 했다. 이와 같은 배경에서 일본에서는 2001년부터 소비생활용 제품안전법(소안법)으로 레이저 포인터가 규제 대상이 됐다.

이제 레이저 포인터는「특별 특정 제품」으로 분류되어 판매를 하려면 제3자 기관의 검사를 거쳐 상품에 PSC 마크를 부착하는 것이 의무화됐다. 그런데도 여전히 출력이 강력하고 위험한 제품이 나돌고 있다. 값이 싸다고 해서 구입하여 사용하는 일이 없도록 한다. 또한 동일한「특별 특정 제품」규제 대상에는 우리에게 익숙한 제품인 라이터가 포함되어 있는 것도 알아 두자. 당연히 라이터에도 PSC 마크가 붙어 있다.

PSC 마크

1. 다음 설명 중 잘못된 것을 고르시오.

  ① 방사능 노출 선량에 의한 영향이 나타나는 방법의 차이에 따라 확정적 영향과 확률적 영향으로 분류된다.

  ② X선 장치의 관리 구역에 들어가는 경우에는 방사선 측정 장치를 몸에 지녀야 한다.

  ③ X선 장치 사용자는 1년에 한 번은 건강진단을 받아야 한다.

  ④ 급성 방사선 장애는 세포 분열이 활발한 기관일수록 영향을 받지 않는다.

2. 다음 설명 중 잘못된 것을 고르시오.

  ① 레이저 광의 가장 큰 위험은 화상이다.

  ② 레이저 빔은 시선보다 낮은 위치에서 취급하는 것이 원칙이다.

  ③ 레이저 광을 취급할 때는 난연성의 긴소매 의복을 착용하는 것이 바람직하다.

3. 다음 설명 중 맞는 것을 고르시오.

  ① 레이저 광을 취급할 때는 보호안경을 쓰면 좋다.

  ② 레이저 광을 취급할 때는 선글라스를 쓴다.

  ③ 레이저 광을 취급할 때는 파장에 적합한 보호안경을 쓴다.

4. 다음의 레이저 안전 기준 위험도는 클래스 1, 1C, 1M, 2, 2M, 3R, 3B, 4의 어디에 해당하는가?

  ① 직접적인 빔 내 관찰은 잠재적으로 위험하다.

  ② 가시광선 레이저(파장 400~700nm)는 안전하다. 다만, 장시간 관찰하는 것은 눈에 장애를 유발할 가능성이 있다.

  ③ 직접적인 빔 내 관찰은 위험하므로 피부에 조사하는 것은 피해야 한다.

  ④ 가시광선 레이저(파장 400~700nm)로 광학기구를 이용해 레이저 광을 집광해 관찰하면 위험하다.

6장 전기의 위험

높은 에너지 장치뿐만 아니라 전기를 사용할 기회가 많은 실험에서는 감전도 경시할 수 없는 장애이다. 연구실 장치의 상당수는 전기로 작동하고 있어 전기를 잘못된 방법으로 사용하면 누전이나 과전류에 의한 이상 발열로 화재 사고가 발생한다.

화학물질이나 가연성 가스를 사용하는 실험에서는 물질끼리의 마찰이나 충돌, 물질과 기구의 마찰 등으로 발생하는 정전기에 의한 방전 불꽃이 원인인 화재나 폭발 사고도 자주 발생하고 있다. 이번 장에서는 전기의 위험성에 대해 해설한다.

6_1. 감전의 위험

감전의 위험은 인체에 흐르는 전류량에 의한다. 50Hz, 60Hz의 교류 전원에 의한 감전이 인체에 미치는 영향을 나타낸다. 이것은 기준이며 머리 부분이나 심장부에 전류가 흐르면 표 6.1의 수치보다 적은 전류량으로도 사망할 우려가 있다.

표 6.1 전류량이 인체에 미치는 영향(교류를 손발에 감전했을 때의 영향)

전류량(mA)	인체 영향
5 이하	연속해 흘려도 위험은 없다.
20	근육이 수축해 감전부로부터 떨어지지 않는다.
50	사망할 우려가 있다.
100	거의 치명적이다.

● 심실세동

심실세동이란 심장이 경련을 일으켜 심실이 정상적인 맥이 뛰지 않게 된 상태를 말한다(400~600회/분 정도의 심박수이다). 50Hz, 60Hz(상용 주파수)의 교류는 펄스 전류로 심실세동을 유발하기 때문에 같은 전압으로 비교하면 50Hz, 60Hz의 교류는 직류보다 감전사할 위험성이 높다.

구급 시에는 AED(automated external defibrillator, 자동 체외식 제세동기)로 심장에 전기 자극을 주면 심장의 움직임을 정상으로 되돌릴 수가 있다. 그러나 이 처치는 몇 분 안에 해야 효과가 있으므로 AED가 설치된 장소를 알아 두어야 한다. 평소에 위치와 사용 방법을 확인해 두는 것이 중요하다.

● 기본적인 감전 방지 대책

감전을 막으려면 다음과 같은 기본적인 대책을 강구할 필요가 있다.

(1) 전선, 기기류의 단자를 노출시키지 않는다. 노출되어 있는 장소에는 커버를 씌워 둔다.

(2) 기기류의 본체, 케이스의 감전 방지 대책을 한다. 감전 방지에는 접지를 하는 것이 기본이다. 특히 물을 이용하는 것이나 격렬한 진동을 수반하는 것, 노후된 기기는 감전을 일으킬 위험성이 높다.

(3) 배선이나 기기류의 내부에 접할 때는 반드시 주 전원을 차단한다. 콘덴서에는 전원 차단 후에도 전하가 남아 있을 수 있기 때문에 접할 때는 충분히 주의한다.

(4) 단자나 콘센트에 부착되어 있는 오염도 누설 전류에 의한 감전이나 화재의 원인이 될 수 있기 때문에 오염을 제거한다.

(5) 젖은 손이나 땀이 밴 상태로 배전반 등 전기가 흐르는 장소에 손을 대는 것은 특히 위험하다. 전등선(100V)에서도 악조건이 겹치면 감전사할 위험성이 높다.

(6) 변압기의 단자나 모터의 단자 등 실험실에는 접속 단자가 노출되어 있는 장소가 있으므로 접촉과 합선을 조심한다.

6_2. 고전압의 위험

직류는 750V 이상, 교류는 600V 이상 7000V 이하인 것을 고전압(고압)이라고 한다. 7000V를 넘는 것은 특별 고전압(특별 고압)이라고 불린다. 고전압에서는 직접 통전부나 대전부에 접촉하지 않아도 감전한다(그림 6.1). 비록 절연 피복되어 있는 전선이라도 사람에게는 나선(裸線)과 마찬가지여서 접촉하면 감전한다. 가까이 다가가기만

표 6.2 접근 가능한 안전 거리

3kV	6kV	10kV	30kV	60kV	100kV	140kV	270kV
15cm	15cm	20cm	45cm	75cm	115cm	160cm	300cm

이 거리 이내로 접근하면 감전 위험이 있다.

해도 감전할 위험이 있다. 이러한 일은 평소 익숙한 100V 전선에서는 생각할 수 없다. 소용량의 기기여도 내부에 '고전압 위험'이라고 표시된 곳에는 조심성 없이 접촉해서는 안 된다.

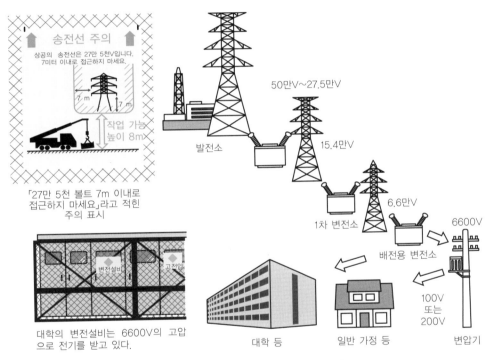

그림 6.1 발전소부터 가정까지의 송전

6_3. 발화원이 되는 전기의 위험

● 발화원으로서 정전기의 위험

이미 1.6.4항에서 말한 것처럼 정전기의 방전 불꽃은 위험물이나 가연성 가스의 발화원으로서 위험한 현상이다. 위험한 수준의 고전위 대전이 있는지 아닌지는 눈으로 보이지 않고 정전기는 예상치 못한 곳에 잠복하고 있을 가능성이 있어 대처가 쉽지 않은 발화원이다. 특히 화학물질을 사용하는 실험에서는 정전기를 결코 가볍게 여겨서는 안 된다. 실험실이나 제조소, 저장소 등 위험물을 취급하는 장소에서 정전기의 방전 불꽃이 화재의 발화원이 되는 예가 많이 보고되고 있다.

대전되어 있지 않은 이종, 동종의 물질이 접촉하면 접촉하고 있는 물질의 계면에서 전하의 이동이 일어나고 떼어 놓으면 각각의 물질에 등량으로 다른 부호의 전하가 발생한다. 이러한 현상은 물질의 마찰, 분쇄, 박리, 유동, 분출 등에 의해 일어나고 또 액체나 분체를 벽면에 따라 흘릴 때도 발생한다.

이와 같이 생긴 전하는 절연체의 표면에 머문다. 이것을 정전기의 대전 현상이라고 한다. 대전한 정전기가 방전할 때 생기는 불꽃이 가연성의 가스상 물질, 가루 등의 발화원이 된다.

고체의 경우 저항률이 큰 가연성 비금속 분말(황 등의 위험물에 한하지 않고 석탄, 플라스틱류, 소맥분, 모래 등)이 충돌이나 마찰에 의해 정전기를 일으켜 방전 불꽃으로 스스로 인화하는 사고(분진 폭발)가 적지 않다. 알루미늄이나 마그네슘 등의 가연성 금속분은 자체의 정전기로 인화할 위험성은 거의 없지만 다른 물질이 발생한 방전 불꽃으로 인화한다.

사람이 움직이면 입은 옷의 마찰로 정전기가 발생한다. 대기 중 습기를 흡수하기 쉬운 무명 소재의 의복도 상대습도가 약 60%가 되면 정전기 대전 전위가 현저하게 감소한다.

일반적으로 상대습도가 65%를 넘으면 정전기가 일어나는 위험성은 현저하게 낮아진다. 그러나 본질적으로 습기를 흡수하지 않는 것(예를 들어 유리 등)이나 고온 상태에서 습기를 흡수, 흡착한 것은 상대 온도에 의한 위험성 변화는 작다.

바닥의 상태에 따라서도 정전기의 위험성은 다르다. 지면(흙) 위에서 움직이는 경우, 정전기는 신발을 통해 대지로 달아나므로 인체 대전은 거의 일어나지 않는다. 그런데, 절연성이 높은 신발(예를 들어 바닥이 고무로 된 구두 등)을 신고 저항값이 큰 바닥 위((리놀륨, 정전성이 낮은 바닥재)를 깐 마루 위)에서 움직이면 정전기는 지면으로 달아나지 않기 때문에 인체의 대전 전위는 위험한 값이 된다. 인체가 대전한 정전기의 방전 불꽃이 가연물이나 가연성 가스의 발화원이 될 우려가 있다.

한편 발화원으로는 위험하지만 정전기에 의한 전격(電擊)은 비록 전압이 높아도 전기량은 미약하기 때문에 생명에는 지장이 없어 일반적으로 감전이라고는 하지 않는다. 다만, 라이덴병 등을 사용해 다량의 전하를 축적했을 경우는 감전에 해당하는 위험한 상태가 될 수도 있다.

● 발화원으로서 전기의 위험

자유전자가 어느 물체 속에 여분으로 머물고 있는 상태를 정전기(static electricity)라고 하며, 전등선 등과 같이 자유전자가 일제히 움직이고 있는 상태를 동전기(dynamic electricity)라고 한다. 정전기는 발화원으로도 위험할 뿐만 아니라 감전의 위험성도 있다.

발화원으로서 전기의 위험성을 생각한 경우, 정전기는 예상치 못한 곳에 발화원으로 잠재해 있을 수 있다. 한편 동전기는 위험 개소를 짐작하기 쉽지만 발화원으로서 에너지량이 큰 만큼 화재 발생 위험이 높다.

동전기의 발화원에서 위험한 것은 전기 불꽃과 발열이다. 특히 연소의 3요소 중 하나인 에너지를 충분히 공급하는 전기의 발열은 화재의 직접적 원인이 된다. 또 대학 연구실이나 실험실에서 발생하는 화재의 절반은 전기의 발열이 원인이라는 통계가 있다.

● 실험실의 동전기에 의한 이상 발열 대책

(I) 전선이나 콘센트 등에 허용 전류값을 넘는 전류가 흘렀을 때의 이상 발열

대책▶ 사용하는 기기류의 소비 전력을 조사해 허용 전류값에 여유를 두고 배선을 한다. 시판되고 있는 가정용 비닐 코드, 콘센트 등의 정격은 「15A 125V」와 「7A 125V」로, 대전류가 필요한 기기류의 배선에는 위험이 따른다. 사용하는 전기기기나 배선 기구, 전선의 정격을 확인해 여유를 두고 배선한다. 이른바 문어발식 배선은 과전류가 흘러 위험하기 때문에 금지된다. 비닐 코드는 열에 약해 고온에 접촉하면 절연 피복이 녹아 내부의 도선이 노출될 위험성이 있기 때문에 대전류가 필요한 배선은 안전성을 고려해 배선용 케이블을 사용한다.

(2) 콘센트나 단자의 누설 전류에 의한 줄열의 발생(트래킹 현상)

수지 등의 유기 절연물 표면에 오염물이 있는 상태에서 전압이 걸리면 표면의 전위 차에 의해 전류가 흘러 합선으로 발화하는 것을 트래킹 현상이라고 한다. 트래킹 현상에 의한 화재는 콘센트와 플러그의 틈새나 단자 등에 먼지가 쌓이면 먼지를 통해 양극 사이에 누설 전류가 흘러 줄열에 의해 먼지가 불타기 시작하는 것에 기인한다. 절연 불량에 의한 누전을 제외하면 전기에 의한 화재 원인의 대부분을 차지한다.

대책▶ 콘센트와 플러그 간에 틈새를 만들지 않는다. 콘센트 주위나 노출되어 있는 단자 주위를 세심하게 청소해 먼지가 쌓이지 않게 한다. 미리 트래킹 방지 대책이 강구된 기구를 사용하는 것도 효과적이다. 비어 있는 삽입구에 먼지가 끼어 양극 사이에 트래킹 현상이 발생하지 않게, 비어 있는 장소에는 캡을 씌워 둔다. 조인트에 절연 대책을 한 플러그를 채용하면 틈새에 먼지가 부착해도 트래킹의 발생을 막을 수 있다.

(3) 접속부의 접촉 불량에 의한 이상 발열

콘센트와 플러그가 느슨해지거나 나사 고정 단자가 느슨해지면 나이프 스위치의 접촉 불량으로 해당 부위의 전기 저항이 증대해 이상 발열이 일어난다.

대책▶ 접속부가 느슨해지지 않도록 한다. 플러그의 삽입이 불완전해 접촉 불량에 의한 이상 발열이 일어난다. 무거운 캡타이어 코드는 수직 위치의 경우, 중량감으로 느슨해질 위험성이 있다. 접속부의 이완은 트래킹을 발생시키는 원인이기도 하다. 나사로 고정하는 단자는 나사가 느슨해지면 접촉 불량이 되므로 나사를 단단히 조여야 한다. 개폐형 나이프 스위치는 제대로 끼울 수 있도록 한다.

(4) 전기 저항에 의한 발열 축적으로 발화

전기 저항에 의해 발열이 일어나고 축적되어 발화하는 일이 있다.

대책▶ 코드를 강하게 묶어 사용하는 것은 위험하다. 전류가 통과하면 반드시 발열이 일어나고, 그 열은 정상적이면 자연 방열로 달아나지만 강하게 묶으면 자연 방열을 방해할 수 있어 이상 발열 상태가 된다. 필요 이상으로 긴 코드를 사용하는 것은 피한다.

(5) 비닐 코드 내부의 부분 단선에 의한 이상 발열

바닥에 깐 배선이나 중량물이 깔려 있는 배선의 경우 내부에서 부분 단선(반단선)이 일어날 우려가 있다.

대책▶ 배선을 마루, 책상 위에 까는 것은 위험하다. 어쩔 수 없이 바닥에 까는 경우는 커버를 씌운다. 절대로 중량물 아래에 배선을 해서는 안 된다. 코드의 부분 단선은 발견하기 어렵지만 이상 발열이 일어나기 때문에 매우 위험하다.

(6) 경년에 의한 열화와 발화

기기류의 경년에 의한 부품 열화는 발화로 이어질 위험이 있다.

대책▶ 장기간의 사용에 따른 기기 부품의 열화에 의한 화재 사고는 일반 가정에서도 자주 발생하고 있다. 모터의 시동이 잘 걸리지 않아 발화하는 사고도 많다. 유용한 기기류에 이상이 없는지 충분히 주의해야 한다.

(7) 동전기의 불꽃에 의한 발화

기계적 접점(스위치류)은 정상적인 동작에서도 ON-OFF 시에는 불꽃이 발생하는 일이 있다. 정류자나 브러시가 달린 모터는 스파크, 아크의 불꽃이 발생한다.

대책▶ 인화성 액체나 가연성 가스는 스위치나 모터 가까이에서 사용 및 보관하지 않도록 한다. 위험한 장소에서는 방폭형 기기를 사용하는 것이 바람직하다(사진

사진 6.1 방폭형 환풍기

사진 6.2 방폭형 냉장고

6.1, 사진 6.2). 덧붙여 방폭형 기기에는 용도에 대응해 가연성 가스(증기)가 내부에 들어가지 않게 밀폐되어 있는 방폭형 스위치, 만일 내부에서 폭발이 일어나도 외부에 영향을 미치지 않게 한 내압 방폭 구조의 모터 등이 있다. 정전 대책으로는 비상용 전원을 확보해, 그 콘센트에 방폭형 냉장고를 연결하고 저온이 아닌 상태에서 분해나 폭발할 가능성이 있는 화학물질을 보관하는 것은 안전상 매우 중요하다.

▶ **칼럼**

고작해야 정전기, 그래도 정전기

일반적으로 겨울철 공기가 건조한 날 금속 문 손잡이를 잡거나 물을 틀려고 수도꼭지를 비틀었을 때 느끼는 전격에 의한 쇼크를 대수롭지 않게 여긴다. 그런데 정전기는 화학 현장에서는 매우 위험하다.

바늘에 찔리면 찌릿한 느낌이 드는데, 아픔이 없는 정도의 정전기를 받았을 때 인체의 대전 전위는 2.5kV 정도이다. 한편, 바늘로 찔린 느낌을 받아 움찔하는 강도의 전격을 받았을 때 인체의 대전 전위는 3.0kV 정도이다.

인체가 조금 느끼는 정도의 전격의 대전량으로도 가연성 가스 등이 발화할 위험이 있다. 이로 인해 생긴 정전기가 원인이 되어 발생한 큰 폭발 사고도 많다. 안전 대책으로는 기계류의 본체나 케이스에는 접지를 해 대전을 제거하거나 다량의 가연성 가스를 취급할 때는 정전기 방지용 신발이나 정전기 방지용 의복을 착용하고 작업을 하는 등 항상 정전기에는 주의를 기울이면서 작업을 해야 한다. 이와 같이 생활 속 가까이에 전기에 의한 위험성이 숨어 있다.

1. 다음 설명 중 잘못된 것을 고르시오.

   ① 감전의 위험은 인체에 흐르는 전류량에 의해 정해진다.

   ② 교류는 직류보다 감전사할 위험성이 낮다.

   ③ 감전 사고의 구급 시는 우선 AED로 심장에 전기 자극을 준다.

   ④ 머리 부분이나 심장부에 전류가 흐르면 적은 전류량으로도 사망할 우려가 있다.

2. 기본적인 감전 방지 대책을 고르시오.

   ① 기계류의 본체, 케이스는 반드시 감전 방지 처리를 해 둔다.

   ② 배선, 기계류의 내부를 만질 때는 반드시 주 전원을 끈다.

   ③ 단자나 콘센트는 항상 깨끗하게 유지한다.

   ④ 젖은 손이나 땀이 밴 상태로 배전반을 만지지 않는다.

   ⑤ ①~④ 모두

3. 다음 설명 중 잘못된 것을 고르시오.

   ① 정전기, 동전기 모두 발화원으로서의 위험과 감전의 위험이 있다.

   ② 화학물질을 사용하는 실험에서는 정전기를 가볍게 봐서는 안 된다.

   ③ 문어발식 배선은 과전류가 흐르는 가장 위험한 배선이다.

   ④ 트래킹 현상을 막기 위해서 콘센트와 플러그에 틈새를 만들지 않는다.

4. 다음 설명에서 잘못된 것을 고르시오.

   ① 플러그 접촉부가 느슨해지지 않게 한다.

   ② 코드는 강하게 묶어서 사용하는 편이 좋다.

   ③ 코드를 어쩔 수 없이 마루에 까는 경우는 커버를 씌운다.

   ④ 스위치나 모터 근처에서는 가연성 가스나 인화성 액체를 사용하지 않는다.

5. 다음 설명 중 잘못된 것을 고르시오.

   ① 대전류가 필요한 기기의 배선은 가정용 비닐 코드가 좋다.

   ② 가연성 화학물질을 저온에서 보관할 경우에는 방폭용 냉장고를 사용한다.

   ③ 동전기의 발화원으로서 위험한 것은 전기 불꽃과 발열이다.

④ 화학물질을 사용하는 실험에서는 정전기에 주의할 필요가 있다.

6. 다음 설명 줄 잘못된 것을 고르시오.

　① 석탄, 플라스틱류, 소맥분, 설탕 등은 분진 폭발 가능성이 없다.

　② 알루미늄이나 마그네슘 등의 가연성 금속가루는 자체의 정전기로 인화할 위험성
이 거의 없다.

　③ 사람이 움직이면 입은 옷의 마찰로도 정전기가 발생한다.

　④ 바닥 상태에 따라 정전기의 위험성은 바뀐다.

7장 안전과 리스크

이번 장에서는 환경이나 생체에 미치는 영향을 이해하기 위해서 리스크와 해저드에 대해 살펴보고 "안전"이란 무엇인가를 생각한다. 노동안전위생법이 개정된 경위를 들어 리스크 평가의 중요성과 화학물질이 생체에 미치는 영향에 대해 해설한다.

7_1. 안전과 리스크

19세기 후반부터 20세기에 걸쳐 화학공업이 활발하면서 수많은 화학제품이 개발, 제조 및 유통되어 사람들의 생활은 풍요로워졌다. 반면, 개발 당시에는 상상도 하지 못했던 인체에 미치는 건강 영향이나 환경오염 문제를 일으키는 예도 나타났다.

전기기기의 절연유로 이용된 폴리염화비페닐(PCB), 유기 염소계나 유기 인계의 살충제 및 농약으로 이용된 디클로로디페닐트리클로로에탄(DDT), 디알드린, 수면제로 이용된 살리도마이드 등은 발암성이나 변이원성, 최기형성을 갖고 있고 프레온은 오존층 파괴 물질이라는 점 그리고 환경 중에서 자연스럽게 분해되기 어려운 마이크로플라스틱의 축적 등 심각한 문제를 일으키게 되었다.

화학물질에는 안전하고 유익한 것도 많아 모든 합성된 화학물질의 사용을 금지하는 것은 현실적이지 않은 만큼 안전한 것과 안전하지 않은 것을 나누어 관리하는 것이 중요하다.

지금까지 화학물질은 법률에 기초한 독성학에 의거해 화학물질의 해저드(독성이나 위험 유해성)를 고려, 규제하는 해저드 관리가 중심이었다. 그러나 화학물질의 종류는 지수함수적으로 증가하고 사용법이 다양해짐에 따라 모든 화학물질에 대해 법률로 일원 관리하는 것은 현실적으로 어렵다.

또 해저드가 낮은 화학물질이라도 대량으로 폭로 또는 섭취하면 사람의 건강을 해치고 잘못 취급하면 화재나 폭발, 환경오염 등 악영향이 미친다는 점에서 구체적인 상황을 파악할 수 있는 관리자가 자주적으로 폭로 평가를 포함한 리스크를 평가하고 판단할 책임을 지는 리스크 베이스의 화학물질(또는 화학품) 관리 방법이 표준으로 자리 잡았다.

여기서 말하는 리스크는 어떤 사상이 원인이 되어 그 결과 일어날 것으로 예상되는 바람직하지 않은 사건을 엔드 포인트로 정하고 '그 엔드 포인트가 발생할 확률' 혹은 '물질 또는 상황이 일정 조건하에서 위해를 일으킬 가능성'이라고 정의된다. 각각의 리스크는 위해의 중대성(크기)과 확률에 따라 정해지는 위해의 기대치로서 다음 식으로 정해진다.

화학물질에 의한 폭발이나 화재 등의 리스크, 제품의 리스크 등 =
사고에 의한 위해의 크기×그 사고가 일어날 확률

또 화학물질이 인체에 미치는 건강에 대한 리스크는 해저드(독성이나 위험 유해성)와 폭로량의 곱으로 나타낸다.

화학물질의 건강에 대한 리스크 = 해저드×폭로량(섭취량)

원래 세상에는 제로 리스크(절대적인 안전)는 존재하지 않는다. 리스크가 어느 정도 작은가 하는 문제가 있을 뿐이다. 리스크가 허용 한계 이하에 있는 경우를 "안전"이라고 한다. 리스크의 허용 레벨은 상황에 따라 다르지만 잠재 리스크가 제로가 아니어도, 그 리스크가 받아들일 수 있는 범위에 들어 있으면 안전하다고 해도 좋다. 즉, 유해 화학물질도 폭로되지 않으면 건강이나 환경에 대한 실질적인 피해는 없다고 생각한다.

안전과 안심라는 말이 세트로 사용되는 일이 있지만, 안전은 과학적 평가가 가능한 반면 안심은 개인적인 심리에 의거한 것으로 개체 차이가 크다. 잘못된 지식에 의해 안심하지 못하고 지나치게 불안해하거나 안전에 대한 이해가 불충분한 채 잘못된 정보를 신뢰하는 경우가 있다.

제로 리스크가 요구되는 것은 무리이고, 리스크를 무시할 수 있도록 관리하는 것이 리스크 관리이며, 이를 위해 리스크의 레벨을 추측하는 것이 리스크 평가이다. 원칙적으로 제로 상태로는 할 수 없는 리스크의 크기가 어느 정도라면 좋다고 봐야 할지 또는

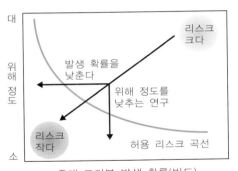

그림 7.1 리스크 경감을 위한 접근

받아들일 수 있는지의 판단 기준 문제이다(그림 7.1).

최근 리스크 관리의 판단 기준 설정을 해당 화학물질이 가져올 이익(수익성)에 의존해 결정하는 리스크-이익 관리가 주목받고 있다. 리스크를 작게 하기 위해서는 안전 대책이 필요하지만 기업 입장에서는 안전 대책에 비용을 들이는 것은 이익이 줄기 때문에 바람직하지 않다.

이익이 큰 새로운 기술이나 화학물질을 사회에서 활용하려면 이익이 리스크보다 크고, 안전 대책에 의해 받아들일 수 있는 수준의 리스크인지 아닌지, 다시 말해 리스크와 이익의 균형을 고려해 결정하자는 생각이다. 그러나 이익의 평가는 가치관이나 정책도 관계되는 문제여서 정량적인 논의는 간단하지 않다. 또 원자력 발전소의 재가동 문제에서 보듯이 어느 정도 이상의 리스크가 있으면 일반 시민이 수용하지 못하는 것이 현실이다.

살충제 DDT는 제2차 세계대전 시에는 말라리아를 매개로 하는 학질의 구제에 특이적으로 유효하다는 이유에서 대량으로 제조·사용되었다. 스위스의 화학자 뮐러는 DDT의 살충 효과를 발견한 공로를 인정받아 1948년 노벨 생리학 의학상을 수상하기도 했다.

그러나 레이첼 카슨의 「침묵의 봄(Silent Spring)」에서 DDT가 난분해성, 축적성이기 때문에 식물 연쇄에 의해 조류에 농축해 번식률을 낮춘다고 지적하면서 DDT의 사용은 세계적으로 금지되었다

그렇지만 아프리카 등의 일부 지역에서는 일단 수습되었던 말라리아 매개 모기가 다시 급증하여 대량의 말라리아병 환자가 발생, 많은 사망자를 냈다. 생태계 보전을 우선할 것인가 대량의 말라리아 환자를 구할 것인가 하는 트레이드 오프(상반 관계) 속에서

$$CCl_3$$

DDT

DDT를 사용했을 경우와 대체품을 이용했을 경우의 건강 및 생태계 개선, 경제성 등을 정량적으로 비교해 적절한 대책을 선택해야 한다. 현재 WHO가 제시한 방침에 의거해 일부 지역에서는 DDT의 사용이 인정되고 있다.

7_2. 리스크 관리와 예방 원칙

화학물질이 건강이나 환경에 미치는 악영향을 방지하고 안전하게 관리하려면 화학물질의 해저드를 종합적으로 파악하는 동시에 그 화학물질의 해저드와 폭로량의 관계로부터 리스크를 평가해 화학물질 제조 시나 사용 시에 리스크가 표면화하지 않게 다각적이고 종합적으로 리스크를 관리할 필요가 있다.

화학물질의 안전 관리에서는 리스크 평가, 리스크 관리 및 리스크 커뮤니케이션을 관련짓는 것이 중요하다(그림 7.2).

리스크 평가에는 원인 물질을 알 수 있는 경우도 있지만 물질이 특정되어 있지 않은 단계에서 리스크가 큰 것을 찾거나, 피해가 있고 나서 원인 물질이 무엇인지를 찾아야 하는 경우가 있다. 어느 경우든 엔드 포인트로 무엇을 선택하느냐에 따라 결론이 크게 바뀌므로 그 선택이 중요하다. 화학물질의 건강, 리스크 평가 순서 예를 그림 7.3에 나타낸다.

우선 동물 실험이나 역학 조사에 의거하여 해저드(유해성) 정도, 즉 폭로량(섭취량)과 악영향 사이의 관계(폭로량–반응 관계)를 추정한다. 다음에 폭로량이나 폭로 경로를 추정한다. 폭로 경로는 문제의 소재를 알고 대책을 세워 관리하는 데 중요하다. 여기에 불확실성에 관한 해석 결과를 추가해서 리스크 평가를 수행한다. 평가 결과를 기초로 환경 기준이나 수질 기준, 식품 중 잔류 기준, 식품 첨가량 등이 결정되고 리스크 관리로 이어진다.

과학 기술은 불확실한 리스크를 수반하는 것이고, 환경과 관계되는 문제도 그 영향이나 피해 손실에 관해 과학적으로 증명하는 것이 꽤 어려워 인과 관계의 증명에 시간이 걸리는 문제도 많다.

기후 변동 문제에 대한 견해도 과학자 사이에서조차 일치하지 않으며 불확실성의 존

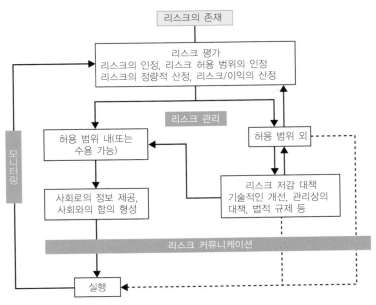

그림 7.2 화학물질의 안전 관리 흐름

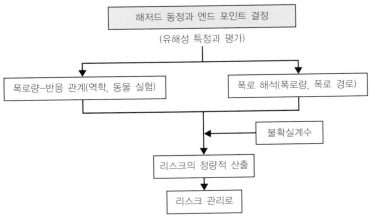

그림 7.3 화학물질의 리스크 평가 순서

재로 명확하게 구별할 수 있는 것도 아니어서 많은 한계가 존재한다. 그렇다고 결과가 밝혀질 때까지 대책을 미루면 미래 세대가 위험을 떠안게 될 수도 있다.

그래서 이에 대처하는 방법으로 '원인과 영향의 관계가 과학적으로 충분히 해명되어 있지 않은 경우에도 예방적 조치가 취해져야 한다'는 '예방 원칙'의 개념이 제창되고 있다. 이 개념은 원래 1970년대에 서독의 환경 정책에서 대증요법이 아닌 예방적으로 환경보전을 행하는 것을 목적으로 제창됐다. 해양 오염이나 산성비에 의한 삼림 피해에 적용하여 국제적인 지지를 모았다. 이 개념은 1992년의 지구 서밋(리우데자네이루) 이후에 국제적인 행동 규범으로 정착했다. 리우 선언의 제15 원칙에는 이 개념이 기술되어 있고 행동 프로그램으로서 환경과 개발에 관한 행동 계획 「아젠다 21」가 정리되어 있다.

환경을 보호하기 위한 예방적 방책은 각국의 상황에 맞게 적용하지 않으면 안 된다. 심각한 혹은 불가역적인 피해의 우려가 있는 경우에는 완전한 과학적 확실성이 결여되었다는 이유로 비용 대 효과가 큰 환경 악화 방지 대책을 연기하는 수단으로 이용해서는 안 된다.

게다가 2002년의 지속 가능한 발전에 관한 세계 정상회의(World Summit on Sustainable Development; WSSD)에서 '2020년까지 모든 화학물질을 사람의 건강이나 환경 영향을 최소화하는 방법으로 생산·이용한다'고 하는 목표에 합의했고, 이후 전략·행동 계획으로 「국제적인 화학물질 관리에 관한 전략적 어프로치(Strategic Approach to International Chemicals Management; SAICM)」가 채택되었다.

이에 맞춰 일본을 시작으로 구미 각국은 화심법이나 REACH(Registration, Evaluation, Authorisation and Restriction of Chemicals), 유해물질규제법 (Toxic Substances Control Act; TSCA)이라고 하는 법규제를 정비 및 검토해 화학물질의 적절한 관리에 최선을 다하고 있다.

▣_3. 화학물질이 인체에 미치는 영향

그림 7.4에 인체에 대한 화학물질의 영향 곡선을 나타낸다. 세로축은 건강에서 질병, 사망으로 이행하는 의학적 장애 경과를, 가로축은 화학물질의 폭로량에 의한 인체 변화를 나타내며 화학물질의 인체 흡수량 증가에 수반해 생기는 인체 영향을 하나의 곡선으로 제시했다.

화학물질의 인체 영향은 화학물질의 작용을 나타내는 양과의 관계로부터 무작용량 (무영향량), 작용량(영향량), 중독량, 치사량으로 나타난다.

화학물질의 인체 흡수량이 적고 폭로가 지속하지 않는 범위에서는 인체는 정상적으로 조절되어 항상성이 유지된다. 폭로량이 증가해 화학물질의 인체 영향이 나타나도 어느 정도까지는 대사 조절 기능이 작용해 정상 기능이 유지된다. 그림에서 분홍색 점

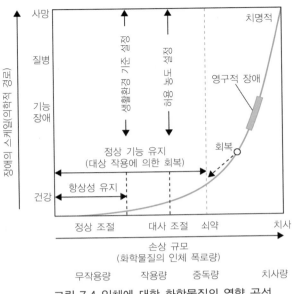

그림 7.4 인체에 대한 화학물질의 영향 곡선

T. F. Hatch, *Arch. Environ, Health*, 27, 231(1973).

선은 대사 조절 기능의 한계를 나타내는데, 이것보다 인체 흡수량이 많거나 폭로가 지속하면 생체 기능이 쇠약해져 기능 장애로 발병한다.

게다가 폭로량이 증가하면 회복 가능한 단계에서 회복 불가능한 단계로 진행하고 영구적인 장애가 되어 죽음에 이른다.

화학물질을 안전하게 취급해 유효하게 이용하기 위해서는 화학물질의 해저드에 관한 위험성 데이터나 관련 법령의 취급 기준(기준량이나 기준 농도) 등을 제대로 숙지하여 이들 6기준을 넘어 폭로하지 않도록 충분히 주의를 기울여 취급할 필요가 있다. 또 유해 화학물질은 보관이나 폐기 작업을 할 때도 사용 시와 마찬가지로 주의를 기울여야 한다.

작업(사용) 환경 기준이나 보관 기준, 폐기 기준에 따라 사용·보관·폐기 작업을 실시하고 취급할 때에는 자신을 포함해 주위 사람들이 위험에 처하지 않게 조심해야 한다.

(1) 일반 독성 화학물질의 안전한 취급

일반 생활자의 환경 기준은 항상성이 유지(정상 조절)되는 범위에서 설정되어 있다. 유해한 화학물질을 취급하는 사업장이나 연구실 등에서는 작업자의 건강 장애 방지 및 건강 유지를 위해서 노동 안전 규칙에 규정된 작업 기준값(폭로 허용 기준)에 따라 작업을 해야 한다. 각국 모두 허용 농도(threshold limit value; TLV) 혹은 관리 목표 농도를 설정하고 있고, 일본에서는 일본산업위생학회, 미국에서는 미국산업위생전문가회의(American Conference of Govermental Industrial Hygienists; ACGIH)의 권고값이 이용되고 있다.

작업 환경의 허용 농도(TLV)는 노동 시간이 '1일 8시간, 1주간 40시간 이하'이고 노동 부하량이 '중간 정도 이하'인 노동자를 대상으로 '임계 영향이라고 불리는 가장 경도인 건강 영향이 대부분의 노동자에서 발생하지 않을 것으로 기대되는 평균 폭로 농도'로서 정상 기능을 유지할 수 있는 범위에서 설정되어 있다. 즉, 작업장에서 해당 화학물질에 연일 폭로를 반복해도 작업자의 건강에 악영향을 미치지 않는 작업 환경의 공기 중 농도 한계치로서 정해져 있다.

한편 자극이나 마취와 같이 단시간의 폭로로 발생하는 건강 영향을 예방하기 위해서는 8시간의 평균 폭로 농도를 규정하는 것은 무의미하고, 단시간(순간) 폭로 농도의 허용 최댓값으로 폭로 한계를 규정하고 있다.

(2) 유전자 독성 화학물질의 안전한 취급

사람에 대한 발암성의 면역학적 증거가 밝혀진 화학물질(IARC, p.78 표 3.9 참조)에 의한 분류에서 제1군에 속하는 발암성 물질을 취급하는 경우에는 법률에 정해진 기준을 지켜야 할 뿐 아니라 대체 가능하다면 즉시 생산·사용을 금지하고 대체 물질로 변경한다. 일본에서는 벤지딘, 2-나프틸아민, 4-아미노디페닐의 공업적인 생산과 사용이 금지되어 있다.

벤젠과 같이 현실적으로 대체 가능한 물질을 굳이 사용할 때는 기술적으로 최대한 폭로를 낮게 억제하여 발암 리스크를 낮춰야 한다. 제2군 A와 제2군 B의 화학물질(p.78 참조)에 대해서도 발암 가능성을 고려해 폭로 농도의 저감에 힘써야 한다. 변이원성 물질도 마찬가지로 취급한다.

7_4. 노동안전위생법 개정과 리스크 평가 의무화

화학물질에 노출되는 직업에 종사하고 있는 사람과 암의 발증 관계에 대해서는 1775 년에 Pott(영국)가 굴뚝 청소인에게서 음낭암이 발병하는 것을 찾아낸 것이 최초이며 연기 속에 벤조피렌 등의 방향족 탄화수소가 원인으로 여겨진다. 이와 같이 업무상 특정 화학물질에 폭로되는 사람의 직업병을 통해 독성이나 발암성이 판명된 화학물질이 있다.

발암성이 밝혀진 것으로는 벤젠, 2-나프틸아민, 방향족 아민, 염화비닐, 아플라톡신, 콜타르, 6가 크롬, 아스베스토스(asbestos, 석면), 비소, 라듐, 방사선, X선, 자외선 등이 있다(3.5절 참조).

예를 들어 그림 7.5에 나타낸 바와 같이 벤젠은 시토크롬 P450에 의해 벤젠환 자체가 히드록시화된 결과 페놀이나 발암성 히드로퀴논이 생성된다. 대부분은 글루쿠론산이나 황산에 의해 페놀이 결합되어 수용성이 높은 물질로 변환되고 오줌으로 배출되지만 히드로퀴논은 골수에 영향을 미쳐 백혈병 등의 발증과 관계되는 것으로 알려져 있다. 그러나 톨루엔은 벤젠환보다 메틸기의 반응성이 높기 때문에 발암성을 가진 분자는 생성되기 어렵다.

메틸기 부위의 산화에 의해 안식향산이 생성되고, 다시 포합반응을 거쳐 체외로 배설된다. 이러한 생체에 미치는 건강 영향으로부터 도료의 용제에 벤젠을 사용하는 것은 금지되고 톨루엔 등이 대체 물질로 사용되고 있다. 그러나 벤젠이나 톨루엔과 같은 메틸기의 유무나 2-나프틸아민(발암성 있어 제조 및 사용 모두 금지)과 1-나프틸아민과 같은 치환기의 위치 등 화학 구조에 의한 발암성이나 독성의 차이에 대한 원인이 불

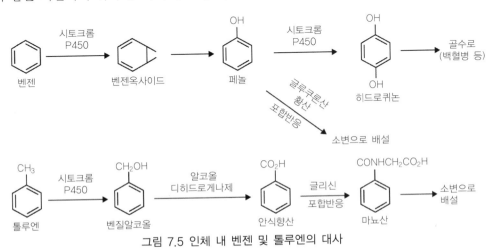

그림 7.5 인체 내 벤젠 및 톨루엔의 대사

명한 화학물질은 여전히 많이 존재하고 있다.

일본에서는 일상적으로 화학물질의 폭로를 받는 노동자의 안전과 건강을 확보하기 위해 1972년에 노동안전위생법(이하, 안위법)이 제정되었다. 안위법은 노동기준법과 관련하면서 노동 재해 방지를 위한 위해 방지 기준 확립, 책임 체제 명확화 및 자주적 활동 촉진을 통해 노동 재해의 방지에 관한 종합적이고 계획적인 대책을 추진함으로써 직장에서 노동자의 안전과 건강을 확보해 쾌적한 직장 환경을 조성하는 것을 목적으로 하고 있다.

과거 10년간의 화학물질에 의한 업무상 질병자 수는 전체적으로 감소 추세지만 여전히 무시할 수 없는 수치이다. 때문에 최근의 사회 정세 변화와 노동 재해 동향에 맞추어 노동자의 안전과 건강 확보 대책을 한층 충실히 하기 위해 2014년 6월 25일에 「노동안전위생법의 일부를 개정하는 법률」이 공포되었다(그림 7.6).

안위법 개정에는 화학물질에 기인하는 업무상 질병 중에서도 암을 일으킨 노동 재해 사안이 크게 영향을 미쳤다. 2012년 3월 오사카의 인쇄회사에서 화학물질의 사용에 의해 담관암이 발생했다는 취지의 노동자 피해보상보험 청구가 있었고, 그후 다른 인쇄회사에서도 같은 노동자 피해보상보험 청구 사실이 잇따라 밝혀졌다. 이에 따라 후생노동성은 전국의 561사업장을 대상으로 출입 조사, 18,000사업장을 대상으로 통신 조사, 의학 전문가 등으로 구성된 검토회를 열어 담관암과 업무의 인과 관계에 대해 검토했다.

그 결과, 인쇄기의 잉크를 떨어뜨리는 세제에 포함된 1,2-디클로로프로판이나 디클로로메탄에 장기간에 걸쳐 고농도로 폭로되어 담관암이 발병했을 개연성이 높다는 내용의 보고서가 정리되었다.

그러나 당시의 안위법에서는 원인으로 여겨진 1,2-디클로로프로판은 특별 규칙 대상 물질이 아니어서 특별 규칙 대상 외 물질의 리스크 평가는 노력 의무(노동안전위생법 제28조의 2)였다. 때문에 사업자는 리스크를 인식하지 못했고 리스크 평가 실시 및 그 결과를 고려한 안전 확보 조치를 취하지 않았다.

이러한 상황에서 담관암이 발생한 사안이었기 때문에 안위법의 재검토를 통해 2013년 10월부터 1,2-디클로로프로판은 특정 화학물질로 규제되어 2014년 6월 25일에 공

$$ClCH_2CHCH_3$$
$$|$$
$$Cl$$
1,2-디클로로프로판

$$CH_2Cl_2$$
디클로로메탄

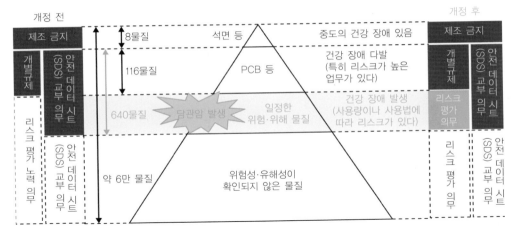

그림 7.6 노동안전위생법 개정에 따른 화학물질 리스크 평가 실시 의무 개요
출처 : 후생노동성, 「노동안전위생법의 일부를 개정한 법률(2014년 법률 제82호)의 개요」를
기초로 작성

포된 「노동안전위생법의 일부를 개정하는 법률」에서는 일정한 위험성 · 유해성이 확인된 화학물질, 즉 노동안전위생법 제57조의 2 및 동법 시행령 제4조의 2에 의거해 사업사 간 대상 물질을 양도 또는 제공할 때 안전 데이터 시트(safety data sheet; SDS) 교부 의무 대상인 640화학물질(2014년 10월 현재)의 리스크 평가 실시가 의무화되었다(2016년 6월 1일부터 시행).

법률 개정으로 의무화된 화학물질에 관한 리스크 평가 실시 및 스트레스 체크 실시(종업원 50명 이상인 사업자가 의무 대상)는 당연히 사업자에게 새로운 부담을 부가하게 됐다. 「특정 화학물질의 환경 배출량 파악 등 및 관리 개선 촉진에 관한 법률」(화학물질 배출 파악 관리 촉진법, 이하 「화관법」)에 의거한 SDS 제도에서는 사업자에 의한 화학물질의 적절한 관리 개선을 촉진하기 위해서 지정 화학물질(제1종 지정 화학물질 및 제2종 지정 화학물질) 또는 지정 화학물질을 규정 함유율 이상 포함한 제품을 국내외 사업자에게 양도 또는 제공할 때도 특성 및 취급에 관한 정보(SDS)를 사전에 제공하는 것이 의무화되고 있다.

더불어 라벨 표시를 하도록 규정되어 있어 사업자 간의 거래 시에 제공한다.

한편, 법률 개정으로 화학물질을 취급하는 노동자의 안전을 목적으로 하는 리스크 평가 실시 의무 대상 사업자와 SDS 교부 의무 대상 사업자가 반드시 중복되지 않고 농림 어업, 광업, 건설업, 의료 · 복지, 세탁 · 이/미용, 음식 · 숙박업 · 목욕탕, 폐기물 처리 등 다양한 업종에 이른다. 때문에 많은 화학물질을 취급하는 사업자는 리스크 평가로 작업량이 증가한다. 또, 리스크 평가를 처음 실시하는 사업자의 경우 화학물질에 대해 잘 아는 담당자가 있다고는 할 수 없고 국소 배기 장치나 환기 장치 등의 비용 부담도 예상된다. 지금부터는 화학 제조업체뿐만 아니라 중소 규모의 회사를 포함한 화학물질 사용 사업자가 리스크 관리를 행할 수 있도록 해야 한다. 이에 대해 일본 정부에서는 리스크 평가 실시가 처음이어도 간단하게 실시할 수 있도록 "컨트롤 밴딩"이라고 불리는 지원 툴을 공개하였다.

상세한 내용은 후생노동성 · 직장의 안전 사이트 「리스크 아세스먼트 실시 지원 시스템」(http://anzeninfo.mhlw.go.jp/risk/risk_index.html)을 참조하기 바란다.

한편, 일반사단법인 일본화학공업협회는 리스크 평가 지원 사이트 'BIGDr'를 2015년부터 제공(동 협회 회원용)하고 있다. 특히 후쿠이 대학에서는 등록을 하면 학외자라도 이용할 수 있는 리스크 평가 지원 사이트를 공개하고 있다.

1. 가솔린이 들어 있던 드럼통은 비워도 위험하다. 또, 가솔린이 들어 있던 탱크에 등유를 주입하는 경우에도 폭발 및 인화 위험성이 증대한다. 표 1.12를 참조하여 왜 위험성이 증대하는지 설명하시오.

2. 어느 직장에서 톨루엔의 8시간 평균 농도를 1주간(5일간) 측정하고 다음의 결과를 얻었다.

   측정값 25ppm, 43ppm, 65ppm, 36ppm, 17ppm

   허용 농도와 비교한 값이 ① 8시간 평균 농도 및 ② 40시간 평균 농도인 경우 폭로 상태는 어떻게 판단되는가? 다만, 톨루엔의 허용 농도는 50ppm으로 한다.

3. 다음 문장에서 올바른 표현은 어떤 것인가?
   ① GHS는 화학물질의 유용성이나 용도의 기준을 표시하는 시스템이다.
   ② 리스크 관리는 발견된 리스크로부터 즉시 대책을 강구해 리스크를 없애는 활동이다.
   ③ 노동안전위생법은 직장의 안전과 건강을 확보하여 쾌적한 직장 환경의 형성을 촉진하는 것을 목적으로 한다.
   ④ ①~③ 모두

4. 2014년 6월 25일의 「노동안전위생법의 일부를 개정하는 법률」의 공포에 의해 "리스크 평가의 실시" 이외에 개정된 항목에 대해 조사하시오.

5. 2012년 오사카의 인쇄회사에서 화학물질의 사용에 의해 담관암이 발병했다는 취지의 노동자 피해보상보험 청구가 있었고, 그 후 다른 인쇄회사에서도 같은 노동자 피해보상보험 청구가 잇달아 발생한 것으로 밝혀졌다. 이때 인과 관계가 밝혀진 화합물은 무엇인가?

6. 다음 문장에서 맞는 표현은 어떤 것인가?
   ① 화학물질이 건강에 미치는 리스크는 해저드와 폭로량(섭취량)의 곱으로 나타낸다.

② 제로 리스크(절대의 안전)는 존재한다.

③ 안전과 안심은 같은 의미이다.

④ ①~③ 모두

7. 다음 문장에서 맞는 표현은 어떤 것인가?

① 리스크 평가에서는 엔드 포인트로 무엇을 선택하느냐에 따라 결론이 크게 바뀌는 경우가 있다.

② 화학물질의 생태 영향은 무작용량(무영향량), 작용량(영향량), 중독량, 치사량으로 나타난다.

③ 유독한 화학물질은 보관이나 폐기 작업을 할 때도 사용 시와 마찬가지로 주의를 기울일 필요가 있다.

8. 다음 문장에서 맞는 표현은 어떤 것인가?

① 화학물질을 안전하게 관리하기 위해서는 리스크 평가를 확실히 실시하면 충분하다.

② 과학기술이나 화학물질의 리스크 관리를 위해서는 불확실성이 존재하고 또 환경이나 생체에 미치는 화학물질의 영향과 인과관계가 과학적으로 충분히 해명되지 않는다고 해도 예방적 조치를 강구해야 한다.

③ 마취나 자극과 같은 단시간의 폭로에 의해 발생하는 건강 영향을 예방하기 위해서 노동 시간이 1일 8시간, 주 40시간 이하이고 중간 정도 이하의 노동 부하량이 노동자에게 영향을 미치지 않도록 허용 농도가 설정되어 있다.

④ ①~③ 모두

8장 화학물질이 인체에 미치는 영향

일상생활에서 우리는 다양한 화학물질에 둘러싸여 있다. 이번 장에서는 화학물질의 영향을 이해하기 위해 폭로량–용량 관계와 기준값, 생물 농축에 대해 해설하고 식품에 포함되는 식품 첨가물이나 방사성 물질의 영향 등에 대해 설명한다.

8_1. 화학물질의 체내 동태

사람은 다양한 경로로 화학물질에 폭로되지만 흡수된 화학물질은 신진대사의 경로에 따라 이동, 분포, 축적, 대사, 배설의 과정을 거쳐 체내에서 순환하는 동안 악영향, 즉 독성이 발현된다. 화학물질의 체내 분포를 지배하는 인자에는 혈류량, 혈장 단백질과 화학물질의 결합률, 화학물질의 물리 화학적 특성 등이 있다.

흡수 경로에는 호흡, 피부 및 소화기가 있다. 호흡 및 피부로부터 흡수된 화학물질은 주로 혈류에 의해 체내의 각 기관으로 이동해 분포한다. 경구를 통해 체내로 들어간 화학물질 중 일부 화학물질은 위에서 용해하지만 많은 경우는 담관에서 용해한 후 흡수된다. 불용성 물질은 사실상 흡수될 것은 없다.

또 극성이 높은 물질은 일반적으로 흡수 정도가 낮고 흡수 속도도 느리다. 소화관으로부터 흡수된 화학물질은 문맥을 거쳐 간장을 통과해 정맥에 들어온 후, 폐를 통과해 전신 순환에 들어간다. 간장은 화학물질의 대사 효소가 풍부하므로 많은 화학물질은 간장을 통과할 때 대사 분해된다. 대사되지 않은 물질 및 대사 산물이 혈류를 타고 전신으로 옮겨진 후 배설 또는 축적된다.

혈류를 타고 전신으로 옮겨진 화학물질 가운데 지용성 물질은 지방 조직에 축적되고, 칼슘과 결합하기 쉬운 물질이나 칼슘과 유사한 성질의 물질은 뼈 등에 축적한다. 또 체내에는 혈액뇌관문, 태반관문이 있기 때문에 혈류 중의 모든 화학물질은 뇌나 태아로 이행하는 것은 아니지만, 지용성이 높은 물질은 이행한다.

사람은 일상생활에서 식품 첨가물, 방부제, 농약, 중금속류 등 다종의 화학물질을 의도치 않게 흡수할 뿐만 아니라 흡연이나 화장품, 의약품 등으로부터도 화학물질을 흡수하고 있다. 때문에 체내에 들어간 화학물질을 가능한 한 신속하게 체외로 배설하기 위해 생체는 간장이나 신장, 폐, 소장 등의 세포 내 미크로솜(소포체)이라고 불리는 기관에서 약물 대사계를 이용해 화학물질을 배설하기 쉬운 수용성 물질로 변환하고 있다 (해독 작용).

화학물질의 대사는 일반적으로 2단계 반응으로 진행된다. 제1상 반응에서는 산화, 환원, 가수분해 등이 이루어져 히드록시기와 같은 제2상의 포합반응이 일어날 수 있는 관능기가 첨가된다. 제2상 반응에서는 글루쿠론산이나 황산 등이 도입되어 보다 수용성이 높은 물질로 변환된다(포합반응). 대사에 의해 수용성이 높아진 화학물질은 주로 소변, 대변 및 호흡기를 통해 체외로 배설된다. 피부나 모발, 모유 등 특별한 경로를 통해 배설되기도 한다.

8_2. 화학물질의 독성과 폭로량−반응곡선

화학물질의 독성에 의한 영향은 ① 폭로 모드(급성인가, 만성인가, 국소적인가, 전신적인가) ② 폭로량 ③ 화학물질의 농도 ④ 폭로 시간 및 빈도 ⑤ 화학물질이 포함되는 매체 ⑥ 이행 경로 ⑦ 화학물질의 물리적 · 화학적 성질 등 많은 인자에 따라 변화한다. 보통 인체 내 화학물질의 농도는 대사가 정상적으로 이루어지도록 일정 농도 영역으로 유지되고 있다.

그러나 필수 영양소 등은 폭로량이 적으면 결핍증으로 인해 생물사를 초래하는 경우가 있다. 또 같은 영향이 통상의 농도 이상으로 발현하거나 칼슘이나 나트륨과 같이 많아도 적어도 영향이 나타나는 경우도 있다.

화학물질에 의한 독성의 정도나 종류는 어느 실험 조건하에서의 폭로량 반응곡선으로 나타낸다(그림 8.1). 폭로량이란 "생물의 단위 질량당 폭로된 화학 물질량"이고, 반응은 "폭로에 의한 생물에의 영향 종류(죽음이나 장애 등)"이다. 따라서 같은 폭로량을 받아도 영향을 받기 쉬운 개체(a)와 받기 어려운 개체(c), 중간의 개체(b) 등 생물 개체 간에도 감수성에 큰 차이가 있기 때문에 폭로량−반응 관계는 큰 격차를 나타낸다. 독

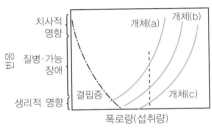

그림 8.1 개체에 대한 폭로량–반응곡선

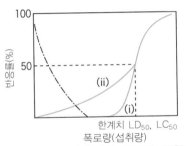

그림 8.2 집단에 대한 폭로량–반응곡선

성에 매우 민감해 얼마 안 되는 폭로량에도 영향을 받는 생물 개체를 과민증(hypersensitivity), 상당한 폭로량에도 영향을 받기 어려운 생물 개체를 과소 감수성(hyposensitivity)이라고 한다.

일반적으로 집단에 대한 폭로량–반응곡선은 시그모이드 곡선(S자 모양 곡선, 곡선(i))으로 나타낸다(그림 8.2). 중앙점(변곡점)에 대한 폭로량은 반응을 생물의 죽음으로 했을 경우에 피험생물의 50%가 죽는 양 또는 농도이며 LD_{50} 또는 LC_{50}으로 불린다(제3장 3.1절 참조). 영향이 나타나지 않는 최대 섭취량(반응률이 제로가 되는 최대 폭로량)을 임계값(threshold) 또는 NOAEL(무독성량, no observed adverse effect level)이라고 한다. 이러한 변화를 나타내는 영향의 종류를 "일반 독성"이라고 하고, 발현 부위에 따라 간독성, 호흡기 독성, 조혈기 독성 등으로 부른다.

또 독성의 발현 방법에 따라 급성 독성 또는 만성 독성으로 구분된다. 이에 대해 유전자에 직접 작용해 발생하는 영향의 종류를 "유전자 독성"이라고 하고, 발암성, 최기형성, 변이원성 등이 알려져 있다. 통상 인체에는 해독 작용이 있으므로 임계값이 존재하지만, 유전자 독성의 폭로량–반응 관계는 임계값이 존재하는 것이 증명되지 않는 한 임계값이 없는 것으로 간주된다(곡선(ii)). 현재 유전자 장애 작용에 의한 발암성과 생식 세포에 대한 돌연변이성 등의 발현에 관해서는 임계값이 없다고 생각되고 있다. 폭로량에 대응해 0이 아닌 확률로 영향이 발현한다고 생각하므로 "확률적 영향"이라고 한다.

NOAEL를 알 수 있으면 농산물이나 식품의 생산, 제조, 가공 과정에서 의도적으로 사용되는 물질(농약, 첨가물 등)의 하루 섭취 허용량(acceptable daily intake; ADI)을 구할 수 있다.

여기서 ADI는 어떤 화학물질을 사람이 생애에 걸쳐 매일 섭취해도 영향이 없다고 생각되는 1일당 섭취량/체중 1kg(단위는 mg/kg bw/day)이라고 정의된다.

따라서 사고에 의한 우연한 데이터 등이 있는 물질을 제외하고 사람의 NOAEL를 구하는 실험은 할 수 없기 때문에, 동물 실험을 통해 구한 NOAEL를 안전계수로 나누어 ADI를 구한다. 안전계수는 유해성 데이터로부터 기준값을 결정할 때의 불확실도(감수성)를 고려해 기준값이 안전측이 되도록 도입된다. 동물(쥐나 래트)과 사람의 종차 간에 의한 불확실성을 10, 사람의 개체차 간에 의한 불확실성을 10으로 하고, 이를 곱한 100을 일정한 안전율(불확실성 계수, uncertainly factor; UF, 불확실성 계수곱 UFs 라고 하는 일이 있다)로 한다.

$$ADI = \frac{무독성량(NOAEL)}{불확실성\ 계수곱(UFs)}$$

【예】 질산염의 ADI

유엔식량농업기관(Food and Agriculture Organization of the United Nations; FAO)/세계보건기구(World Health Organization; WHO), 합동식품첨가물전문가위원회(FAO/WHO Joint Expert Committee on Food Additives; JECFA)는 질산염의 ADI 추정에 즈음하여 질산염의 주요 섭취원인 채소로부터 어느 정도 혈액에 흡수되는지에 대한 데이터를 얻을 수 없고, 질산염 섭취 후 체내에서 니트로소 화합물을 생성하는 메커니즘을 알 수 없기 때문에, 채소로부터 섭취하는 질산염의 양을 직접 ADI와 비교하거나 채소 중의 질산염에 대해 기준값을 설정하는 것은 적당하지 않다고 보고 있다. 1995년 JECFA는 ADI를 체중 1kg당 질산염으로서 5mg(질산 이온으로서는 3.7mg)으로 추정했다. 질산염의 ADI는 래트에게 다른 농도의 초산나트륨을 포함한 식이를 2년간 주어 생장을 억제하지 않는 농도 1%를 환산한 370mg/kg bw/day(질산 이온으로서)(Lehman, 1958)를 100으로 나눈 3.7mg/kg bw/day를 이용해 설정되고 있다.

이들 값으로부터 식품 첨가물의 첨가량이나 환경 기준이 결정되지만 불확실성 계수의 모호성 때문에 독성에 큰 차이는 없다고 생각되는 물질의 기준값이 크게 다른 경우가 있다. 때문에 데이터의 신뢰성 등을 고려하여 한층 더 큰 계수를 이용하는 일도 있다.

8_3. 화학물질의 생물 농축성과 분배계수

지금까지 화학물질의 독성은 흡수된 양에 따라 규정된다고 여겨지고 있다. 따라서 생체에 영향을 주지 않아야 할 환경에 미량으로 잔류한 화학물질(예 : 내분비 교란 화학물질(환경 호르몬), 유기인계 농약)이 인체에 악영향을 미치는 등 독성학의 기본 개념을 근본부터 뒤집어 화학물질의 생물 농축성이 사회적으로 문제가 되었다.

어떤 화학물질이 생물 농축성을 나타낼지의 여부는 대상으로 하는 화학물질을 용해한 용액에서 생물을 사육하는 방법으로 화학물질에 폭로시켜 생물 체내와 수중에서의

▶ **칼럼**

용어 정리

• **내용 1일 섭취량**(tolerable daily intake; TDI)

ADI와 마찬가지로 의도적으로 추가한 것이 아니라 본래 흡수하는 것이 바람직하지 않은 오염물질(곰팡이 독 등)의 경우에 이용하는 것으로 사람이 생애 매일 섭취해도 건강상 악영향이 없다고 추정되는 화학물질의 1일당 최대 섭취량을 말하고, 동물의 무독성량/체중의 100분의 1로 하는 것이 많다. 덧붙여 오염물질이 체내에 축적하는 성질이 있는 경우는 1주일당 최대 섭취량 PTWI 또는 1개월당 최대 섭취량 PTMI가 사용된다.

$$• \text{해저드비}(hazard\ quotient,\ HQ) = \frac{EHE(사람에의\ 추정\ 폭로량)}{TDI(내용\ 일일\ 섭취량)}$$

값이 1보다 크다, 즉 EHE가 TDI를 초과한 경우에는 리스크가 있다고 평가하고 1 이하, 즉 EHE가 TDI를 초과하지 않는 경우에는 리스크로 평가한다.

• **무영향량**(no observed effect level; NOEL)

시험 동물에 화학물질을 일정 기간 투여할 때 유해한 영향을 주지 않는 양. 체중 1kg·1일당 mg으로 나타낸다.

표 8.1 물고기를 이용한 농축 시험(OECD 테스트 가이드라인)

추천 어종	제브라피시, 잉어, 송사리, 구피, 무지개송어 등
시험 기간	흡입 28일. 28일에 평형에 도달하지 않는 경우에는 평형 시 또는 60일 중 짧은 쪽 배설 95% 소실 혹은 도입의 2배 기간 중 짧은 쪽
시험수의 분석	도입 시 5회, 배설 시 4회
용존 산소	포화 시의 60% 이상
수온	추천 수온, 변동±2℃
물 교환	유수식
먹이	하루에 체중의 1~2% 정도

화학물질 농도가 평형이 된 시점에서 양자의 농도비를 구하는 것으로 평가한다. OECD에서는 생물 농축성 시험으로 표 8.1과 같은 가이드라인을 정하고 있다. 일본 내 시험 방법의 상세에 대하여는 「신규 화학물질 등과 관련된 시험 방법에 대해」(2011년)를 참조하기 바란다.

평형 시의 생물 체내 중 화학물질 C_f의 농도 및 평형 시 수중의 화학물질 농도 C_w가 구해지면 다음 식으로 생물농축계수(bioconcentration factor; BCF)를 구할 수 있다.

$$\mathrm{BCF} = \frac{C_f}{C_w}$$

또 BCF는 화학물질의 생체 중 흡입 속도 k_1과 배출 속도 k_2로 나타낼 수 있다.

$$\mathrm{BCF} = \frac{k_1}{k_2}$$

BCF값이 클수록 생물의 체내에 화학물질이 농축하기 쉬운 것을 나타낸다. POPs 조약(persistent organic pollutants; POPs, 잔류성 유기 오염물질)의 선별 기준은 5000 이상이다. BCF가 5000인 경우, 환경 중 농도와 비교하여 생물의 체내 농도가 5000배로 농축되어 있는 것을 나타낸다.

그러나 생물 시험에 의한 화학물질의 생물 농축성 조사는 시간과 수고가 걸리는 조작이 필요하고 비용도 소요된다. 또 생물의 개체 차이가 크기 때문에 재현성이 있는 값을 취하는 것이 어렵다. 때문에 생물 농축성을 해당 화학물질의 소수성으로부터 평가하는 방법이 시되되고 있다소수성 평가 지표로서 옥탄올과 물 2개의 용매 사이에 대상으로 하는 화학물질을 용해시켰을 때 옥탄올 중의 화학물질 농도 C_o와 수중의 화학물질 농도 C_w의 비로부터 구한 분배계수 P_{ow}가 이용되고 있다(국외에서 판매되고 있는 시약의 SDS에는 분배 시의 평형 정수인 K_{ow}로 기술되는 경우가 많다).

최근 옥탄올/물분배계수 대신 텍스트란이나 폴리에틸렌글리콜 등의 수용성 고분자와 전해질의 인산염을 물에 용해시키면 물이 2개인 액상을 형성하는 수성 2상 분배계(aqueous two-phase system)를 이용한 분배계수 측정이 제안되고 있다. 수성 2상 계는 유해한 유기용매를 사용하지 않고, 또 옥탄올/수계보다 생물 농축 계수에 보다 높은 상관성을 나타내는 것으로 밝혀졌다.

> ▶ 컬럼

옥탄올/물 분배계수에 의한 방법의 이점과 문제점

분배계수 P_{ow}는 안전 데이터 시트(SDS)의 「9. 물리적 및 화학적 성질」에 로그 값인 $\log P_{ow}$로 기재되어 있다(국외에서 판매되고 있는 시약의 SDS에는 $\log K_{ow}$로 기술되어 있는 경우도 있다). 수치가 클수록 그 화학물질은 유지에 잘 녹고 물에 잘 녹지 않는, 즉 생물 체내에 축적하기 쉬운 것을 나타낸다. 옥탄올/물 분배계수를 구하는 방법은 간단한 화학적 조작뿐이므로 단시간에 구할 수 있고, 게다가 비용도 얼마 들지 않는 이점이 있어 옥탄올/물 분배계수와 BCF와는 좋은 상관을 나타내는 것으로 알려져 있다.

따라서 옥탄올과 물의 용액 평형 조성은 엄밀하게는 생물의 내부와 외부에 있어서 물의 관계와는 다르기 때문에 상관으로부터 꽤 벗어나는 화학물질도 있다. 일반적으로 P_{ow}가 커짐에 따라 생물 농축성도 커지지만, $\log P_{ow}$가 6을 초과한다면 반대로 생물 농축성이 저하되는 것이 나온다.

이것은 분자 사이즈가 커짐과 동시에 소수성은 커지고 P_{ow}도 커지지만, 분자가 너무 커져 분자의 단면 폭이 0.98mm를 넘으면 어류의 아가미 세포막에서 투과성이 감소하기 때문이라고 생각된다. POPs 조약의 선별 기준은 $\log P_{ow}$가 5 이상이다.

생물 농축성은 생체 중의 지방 함유량이나 개체 질량당 표면적의 비율 혹은 어류 등에서는 비늘의 유무 등 표피 상태의 차이와 같은 다양한 인자가 영향을 받는 것으로 알려져 있다.

또 생물 농축성은 생물의 종류나 성장 단계에 따라서도 다르고 온도나 산소량, pH 등의 수질 조건에도 크게 의존하는 것으로 알려져 있다. 분배계수가 생물 농축성을 나타내는 반면 실험적으로 구하는 BCF는 보다 정확한 측정값이므로 가능하면 실측값인 BCF를 우선해 채용하고, BCF 데이터를 이용할 수 없는 경우에는 $\log P_{ow}$를 채용하면 좋다.

8_4. 건강에 대한 식품 리스크 평가

WTO/SPS 협정하에서 식품 안전 정책의 국제적 조화가 진행되는 가운데, BSE 문제를 발단으로 2001년에 식품 안전 행정이 미비한 것으로 밝혀져 2003년의 식품 안전 기본법 제정 등 법제도 및 행정 체계가 재편되었다.

그러나 소비자 입장에서는 새로이 제조 및 사용되는 식품 첨가물이나 식품에 잔류하는 농약, 사람이나 동물에 사용되는 의약품, 유전자 재조합 식품이나 특정 보건용 식품 등의 신규 개발 식품, 건강에 유용하다고 생각되는 성분을 추출한 식품, 방사성 물질을 포함한 식품의 독성이나 알레르기 질환 등의 리스크나 문제가 염려된다. 이에 대해 일본의 후생노동성은 식품안전위원회의 평가를 받아 사람의 건강을 해칠 우려가 없는 경우에 한해, 성분의 규격이나 사용 기준을 정한 후 사용을 인정하고 있고 국민 1인당 섭취량을 조사하는 등 사용이 인정된 식품 첨가물의 안전 확보에 노력하고 있다(다만, 특정 보건용 식품 등은 소비자청이 허가).

또 후생노동성, 소비자청, 농림수산성이나 내각부 식품안전위원회는 방사성 물질을 포함한 식품 중의 기준값이나 식품에 의한 건강 영향, 국가나 지방 자치단체의 검사 체제, 생산 현장에서의 대처 등을 이해할 수 있도록 소비자와 전문가가 함께 참가하는 의견 교환회 등을 개최하고 있다.

3대 영양소 중 하나인 지방질에 포함되어 있는 지방산은 인간의 에너지원이나 세포를 만드는 데 필요하기 때문에 식품을 통해 균형있게 섭취할 필요가 있다.

올레인산

리놀산

그림 8.3 천연 불포화 지방산 예(모두 시스형 구조)

식품으로부터 섭취하는 양이 너무 적으면 건강 리스크가 높아지는 일이 있다. 한편 지방질은 탄수화물, 단백질에 비해 같은 양당 에너지가 크기 때문에 지나치게 섭취했을 경우는 비만 등에 의한 생활 습관병 리스크가 높아진다.

천연 불포화 지방산은 보통 시스형(수소 원자가 탄소의 이중 결합을 사이에 두고 같은 측에 붙어 있다)으로 존재한다(그림 8.3). 이에 대해 트랜스형(수소 원자가 탄소의 이중 결합을 사이에 두고 각각 반대 측에 붙어 있다)의 이중 결합이 하나 이상 있는 불포화 지방산을 트랜스 지방산이라고 부른다.

소나 양 등의 반추동물은 위 속 미생물 기능에 의해 트랜스 지방산이 만들어지기 때문에 고기나 우유, 유제품 속에 미량의 트랜스 지방산이 포함되어 있다. 샐러드유 등의 식물유를 정제하는 공정에서 냄새를 없애기 위한 고온 처리에 의해 미량의 트랜스 지방산이 포함되어 있다. 또 상온에서 액체의 식물유나 어유로부터 반고체 또는 고체의 유지를 제조하는 가공 기술 중 하나인 수소 첨가에 의해서도 트랜스 지방산이 생성되는 경우가 있다.

이 방법으로 제조된 마가린이나 쇼트닝 등을 원료로 사용한 빵이나 케이크, 도넛, 튀김 등에도 트랜스 지방산은 포함된다.

트랜스 지방산은 식품으로부터 섭취할 필요가 없다고 여겨지며 오히려 과도한 섭취로 인한 건강상 악영향이 주목받고 있다. 트랜스 지방산을 섭취하는 양이 많으면 혈액 중 LDL 콜레스테롤(나쁜 콜레스테롤)이 증가하고 HDL 콜레스테롤(좋은 콜레스테롤)이 감소하는 것으로 보고됐다. 트랜스 지방산 섭취량이 많은 여러 나라의 연구 결과에 의하면 트랜스 지방산의 과잉 섭취에 의해 심근경색 등의 관동맥 질환이 증가할 가능성이 높은 것으로 알려져 있다.

또 비만이나 알레르기성 질환과도 관련이 인정되고 있지만 당뇨병, 암, 담석, 뇌졸중, 인지증 등과의 연관성은 확실하지 않다. 이러한 연구 결과는 트랜스 지방산의 섭취량이 평균보다 상당히 많은 경우의 결과이며 평균 섭취량으로는 이들 질환 리스크와 관련 여부는 분명하지 않다.

국제기관이 생활습관병의 예방을 위해 개최한 전문가 회의(식사, 영양 및 만성 질환 예방에 관한 WHO/FAO 합동전문가위원회)는 심혈관계 질환 리스크를 낮춰 건강을 증진하기 위해 식품으로부터 섭취하는 총 지방, 포화 지방산, 불포화 지방산 등의 목표값을 2003년에 공표해 트랜스 지방산의 섭취량을 총 에너지 섭취량의 1% 미만(연령이나 성별 등에 따라 다르지만 1일당 약 2g에 상당)으로 하도록 권고하고 있다

이 권고를 받아들여 트랜스 지방산의 섭취량 수준이 공중위생상 염려되는 나라에서는 규제하고 있는 나라도 있다.

생활습관병 예방을 위해 선진국의 상당수는 포화 지방산이나 트랜스 지방산 등을 포함한 지방질의 과다 섭취에 대하여 주의를 환기하고 있고 균형 잡힌 건강한 식생활을 권장하고 있다. 트랜스 지방산 섭취량이 많아 생활습관병이 사회 문제가 되고 있는 나라 중에는 가공식품 중 포화 지방산이나 트랜스 지방산 등의 함유량 표시를 의무화하고 부분 수소 첨가 유지의 식품 사용을 규제하는 외에도 식용유 지방에 포함되는 트랜스 지방산의 상한값을 설정하고 있는 곳이 있다.

예를 들어 미국에서는 식품에 적용할 수 있는 분석법을 지정(AOAC Official Method 996.06)하고, 이 분석법으로 측정한 트랜스 지방산의 총량을 정리해 표시하도록 정하고 있다. 덴마크에서는 유지의 가공으로 생기는 탄소의 수가 14에서 22까지인 트랜스 지방산을 규제 대상으로 하며 천연으로 생기는 것은 제외하고 있다. 한편, 트랜스 지방산의 섭취량이 적은 나라들에서는 트랜스 지방산에 대해 표시 의무 부여나 상한값 설정은 하지 않고 포화 지방산과 트랜스 지방산의 총량을 자주적으로 저감하도록 사업자에게 요구하고 있다.

일본의 후생노동성이 국민의 건강 유지·증진, 생활습관병의 예방을 목적으로 정하고 있는 「일본인의 식사 섭취 기준(2015)」에는 총 지질과 포화 지방산, 다가 불포화 지방산에 대해 일정한 영양 상태를 유지하는 데 충분한 목표 섭취량 및 생활습관병 예방을 위한 섭취 기준량 기준이 정해져 있다. 현 시점에서 일본에는 식품 중 트랜스 지방산에 대한 표시 의무나 함유량 기준값은 없다. 또 트랜스 지방산뿐만 아니라 불포화 지방산이나 포화 지방산, 콜레스테롤 등의 다른 지방질에 대한 표시 의무나 기준값도 없다.

식품안전위원회는 2012년에 식품에 포함된 트랜스 지방산에 관한 식품 건강 영향평가(리스크 평가) 결과를 공표했다. 평가에서는 '리스크 관리 기관에서는 앞으로도 트랜스 지방산 섭취량에 대해 주시하는 동시에 지속적으로 질병 이환 리스크 등과 관련된

지식을 수집해 적절한 정보를 제공하는 것이 필요하다'고 명시되어 있다.

천연 트랜스 지방산을 줄이는 것은 어렵겠지만, 유지의 가공으로 생기는 트랜스 지방산은 새로운 기술을 이용하여 줄일 수가 있다. 최근에는 식품 사업자의 자주적인 노력에 의해 트랜스 지방산 함유량을 줄인 식품이 판매되고 있다.

식품 첨가물은 보존료, 감미료, 착색료, 향료 등 식품의 제조 과정 또는 식품의 가공·보존을 목적으로 사용되고 있다(표 8.2). 식품위생법에 의해 규격이나 사용 기준 등이 정해져 있고 사용한 첨가물은 원칙적으로 모두 표시하도록 의무화되어 있다. 식품 첨가물은 원칙적으로 법에 의거해 지정을 받은 첨가물(지정 첨가물)만 사용할 수 있다. 지정 첨가물 외에 사용할 수 있는 것은 기존 첨가물, 천연 향료, 일반 음식물 첨가물만 해당된다.

표 8.2 식품 첨가물의 종류와 목적 및 효과

종류	목적 및 효과	식품 첨가물의 예
감미료	식품에 단맛을 낸다.	자일리톨, 아스파탐
착색료	식품을 착색해 색조를 조정한다.	치자나무 황색소, 식용 황색4호
보존료	곰팡이나 세균 등의 발육을 억제, 식품의 보존성을 높여 식중독을 예방한다.	소르빈산, 이리단백 추출물
증점제, 안정제, 겔화제, 호제	식품에 매끄러운 느낌과 끈기를 주고 분리를 방지하고 안정성을 향상	펙틴, 카르복시메틸셀룰로오스나트륨
산화 방지제	유지 등의 산화를 막아 보존성을 개선한다.	에리소르빈산나트륨 믹스 비타민E
발색제	햄·소시지 등의 색조·풍미를 개선한다.	아질산나트륨 질산나트륨
표백제	식품을 표백해 깨끗하게 한다.	아황산나트륨 차아황산나트륨
곰팡이 방지제	감귤류 등의 곰팡이 발생을 방지한다.	오르토페닐페놀 디페닐
이스트 푸드	빵의 이스트 발효를 돕는다.	인산삼칼슘 탄산암모늄
검 베이스	추잉검의 기재로 이용한다.	에스테르검, 치클
찬물	중화면의 식감, 풍미를 더한다.	탄산나트륨 폴리인산나트륨
고미료	식품에 쓴맛을 낸다.	카페인(추출물), 나린진
효소	식품의 제조, 가공에 사용한다.	β-아밀라아제, 프로테아제
광택제	식품의 표면에 광택을 낸다.	셸락, 밀랍
향료	식품에 향기를 내고 맛을 더한다.	오렌지 향료, 바닐린
산미료	식품에 신맛을 낸다.	구연산, 유산
조미료	식품에 감칠맛을 내고 맛을 조절한다.	L-글루타민산나트륨 5′-이노신산이나트륨
유화제	물과 기름을 균일하게 혼합한다.	글리세린 지방산 에스테르 식물 레시틴
pH 조정제	식품의 pH를 조절해 품질을 좋게 한다.	DL-사과산, 젖산나트륨
팽창제	케이크 등을 부풀리고 부드럽게 한다.	탄산수소나트륨 구운 명반
영양 강화제	영양소를 강화한다.	비타민C, 젖산칼슘
기타 식품 첨가물	그 외 식품의 제조나 가공에 도움이 된다.	수산화나트륨 활성탄, 프로테아제

일반사단법인 일본식품첨가물협회의 허가를 얻어 전재

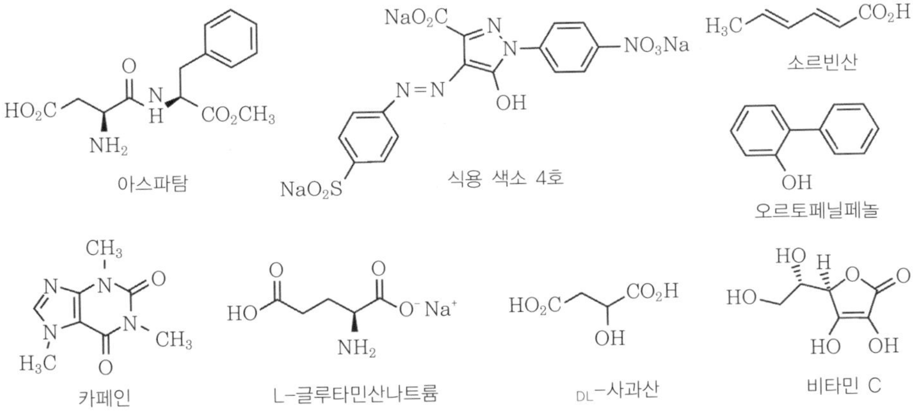

소르빈산

오르토페닐페놀

아스파탐

식용 색소 4호

카페인

L-글루타민산나트륨

DL-사과산

비타민 C

그림 8.4 주요 식품 첨가물의 화학 구조

그림 8.4에 식품 첨가물로 이용되는 아스파탐, 식용 색소 4호, 소르빈산, 오르토페닐페놀, 카페인, L-글루타민산나트륨, DL-사과산, 비타민 C의 화학 구조를 나타냈다.

식품 첨가물의 안전성 평가 개략은 다음과 같다(그림 8.5). 식품 첨가물 지정 요청이

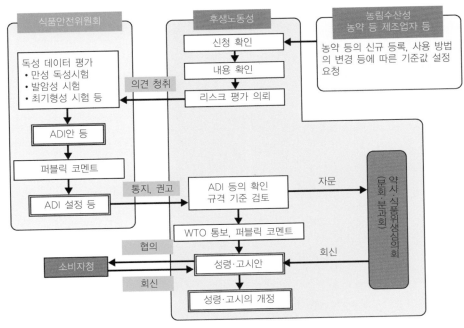

그림 8.5 기준값 설정까지의 개략도
일본 후생노동성 홈페이지에서

있으면 가장 먼저 후생노동성은 식품건강영향평가를 식품안전위원회에 의뢰한다. 리스크 평가 기관인 식품안전위원회는 동물을 이용한 독성시험 결과 등의 과학적인 데이터에 의거해 건강에 악영향이 없다고 여겨지는 하루 섭취 허용량(ADI)을 설정한다. 이 결과와 그에 대한 퍼블릭 코멘트를 거쳐 약사·식품위생심의회에서 첨가물로서의 필요성이나 유용성을 심의·평가하는 동시에 함께 식품건강영향평가 결과에 의거해 성분의 규격이나 식품별 사용량 기준 등을 설정한 후 후생노동성이 사용을 인정하고 있다.

화학물질의 독성시험은 크게 일반 독성시험, 특수 독성시험, 그 외의 독성시험으로 나뉜다. 일반 독성시험에는 급성 독성시험, 아급성 독성시험, 만성 독성시험이 있다. 특수 독성시험에는 암원(발암)성 시험, 유전 독성시험, 발생 독성시험, 번식 독성시험, 면역 독성시험, 자극성 시험 등이 있다. 그 외의 시험으로는 차세대 시험, 번식 시험, 생체 내 운명 시험, 생물학적 시험, 생체 독성시험 등도 시행되고 있다.

식품 첨가물의 규격이나 기준은 식품의 안전성을 확보하면서 국제 간 일관성 있는 규제가 시행되도록 대응하고 있다. 식품 첨가물의 국제적인 기준 등은 유엔식량농업기관(FAO)/세계보건기구(WHO)의 합동식품규격위원회(코덱스위원회) 식품첨가물부회에서 검토하고 있다.

또 식품 첨가물의 안전성을 국제적으로 평가하기 위해 FAO/WHO 합동식품첨가물전문가위원회의(JECFA)가 설치되어 있다.

식품 첨가물 품질 규격이나 사용량 기준은 국제적인 규격이나 기준을 최대한 따르도록 정해져 있지만 각국에서는 식생활이나 제도의 차이 등에 따라 첨가물의 정의, 대상 식품의 범위, 사용 가능한 양 등이 차이가 나기 때문에 단순하게 비교할 수 없다.

각국 정부에서는 사용이 인정된 식품 첨가물에 대해 실제로 어느 정도 섭취하고 있는지, 슈퍼 등에서 팔리고 있는 식품을 구입해 그 안에 포함되어 있는 식품 첨가물량을 분석, 측정하고 그 결과에 국민 영양 조사에 의거하는 식품의 급식량을 곱해 섭취량을 구하는 방법으로 국민 1명당의 식품 첨가물 섭취량을 조사하는 등 안전 확보에 노력하고 있다.

일본의 경우 국제적으로 안전성 평가가 확립되어 널리 사용되고 있는 첨가물에 관해서는 국제적인 일치성을 취하는 방향으로 현행 지정 제도를 검토해 (i) JECFA에서 일정한 범위 내에서 안전성이 확인되고 또한 (ii) 미국 및 EU 제국 등에서 사용이 널리 인정되고 있는 국제적으로 필요성이 높다고 생각되는 첨가물(국제 범용 첨가물)에 대해서는 기업의 요청이 없더라도 지정을 위한 개별 품목마다 안전성 및 필요성을 검토한다는 방침이 2002년 개최된 약사·식품위생심의회 식품위생분과회에 대해 승인되었다.

이 방침에 의거해 후생노동성에서 45품목의 식품 첨가물 및 54품목의 향료에 대해 관련 자료의 수집·분석과 필요한 추가 시험을 통해 식품안전위원회의 평가 등을 거쳐 2015년 9월 시점에서 41품목의 식품* 첨가물 및 54품목의 향료가 지정되었다.

식품에 잔류하는 농약, 사료첨가물 및 동물용 의약품(이하, 농약 등)에 관해서는 2006년부터 일정량을 넘어 잔류하는 식품의 판매 등을 원칙 금지하는 포지티브 리스트(positive list; PL) 제도를 시행, 관리하고 있다. 이 제도에서는 식품의 성분과 관계되는 규격이나 기준(잔류 기준)이 정해져 있는 것에 대해서는 식품위생법의 규정에 따라 농약단속법 기준, 국제 기준 등을 토대로 새로운 기준을 설정하고 농약단속법에 의거해 등록하는 동시에 잔류 기준 설정을 유도하고 잔류 기준을 넘어 농약 등이 잔류하는 식품의 판매 등을 금지하고 있다.

한편, 잔류 기준이 정해지지 않은 것에 대해서는 후생노동 대신이 사람의 건강을 해칠 우려가 없는 일정 농도(0.01ppm)를 고시하고, 이 농도를 넘어 농약 등이 잔류하는 식품의 판매를 금지하고 있다.

또 사람의 건강을 해칠 우려가 없는 것은 후생노동 대신이 고시를 하고 포지티브 리스트 제도 대상에서 제외하고 있다. 국내에 유통하는 식품에 대해서는 자치단체의 감시 지도 계획에 대해 검사 예정 수를 결정해 시장 등에 유통하고 있는 식품을 수거하는 방법으로 검사하고 있다

수입 식품의 경우 검역소에 신고된 수입 식품 중에서 수입 식품 감시 지도 계획에 의거해 모니터링 검사를 하고 있다. 위반이 확인되면 검사 빈도를 높이고 위반 가능성이 높은 식품은 수입 시마다 검사를 하고 있다. 또 위반이 확인되었을 경우에는 해당 식품을 폐기하거나 원인 규명 및 재발 방지를 지도하는 조치를 강구하고 있다. 덧붙여 첨가물, 농약, 동물용 의약품 등 다양한 물질의 평가 결과 및 유전자 재조합 식품과 특정 보건용 식품의 안전성에 관해서는 후생노동성, 식품안전위원회, 식품안전종합정보시스템이나 소비자청 홈페이지 등을 참조하기 바란다.

식품에 이용하는 기구 및 용기 포장 재료는 물질의 독성이나 용출에 의한 인체 영향을 고려해 적절히 제조·사용할 필요가 있어 식품위생법 제18조에 의거해 규격 기준이 정해져 있다. 게다가 일본에서 식품에 이용하는 기구 및 용기 포장 재료의 안전 관리에는 안전성 우려가 있다고 판명된 물질 등에 대해서 평가를 실시하여 규격 기준을 설정하는 네거티브 리스트 방식을 채택하고 있다. 한편 미국이나 유럽, 중국 등에서는 식품 접촉 용도인 합성수지에는 안전성 평가에서 허가된 모노머나 첨가제밖에 사용할 수 없는 포지티브 리스트 방식을 채택하고 있고 개발도상국에서도 도입하는 등 PL 제도는

세계적인 기준이 되고 있다.

일본의 업계 단체는 이미 자주 기준으로서 PL를 작성해 관리하고 있기 때문에 용기 포장 재료에 기인하는 위생상 큰 문제는 없었지만 식품의 글로벌화가 진행되는 가운데 법적 구속력이 있는 제도의 도입에 의해 여러 나라와 국제적인 일치성을 취하는 동시에 지금까지 규제되지 않았던 수입품을 포함한 포장 재료의 안전 관리 강화가 요구되고 있다.

이러한 상황을 근거로 일본의 후생노동성에서는 2012년부터 식품 포장 재료의 안전 관리에 있어 PL 방식의 도입을 검토하고 「식품 용기 도구 및 용기 포장의 규제에 관한 검토회」에서는 2016년 말을 목표로 벌칙을 포함한 제도의 개요를 정리하는 방향으로 진행한 바 있다.

8_5. 건강에 대한 발암성 리스크 평가

정상적인 세포를 암으로 변화시키는 성질을 가진 발암 물질은 식품 중에 많이 포함되어 있다. 예를 들어 알코올(IARC 그룹 1)은 식도암이나 간암의 원인이 되는 것으로 알려져 있다.

알코올이 대사한 물질 아세트알데히드에도 발암성이 있다(IARC 그룹 2B). 생선이나 고기가 탄 부분에 포함되는 벤조피렌(IARC 그룹 1)이나 헤테로사이클릭아민류(IARC 그룹 2A 또는 2B), 전분이 많은 식품(포테이토 칩, 프라이드 포테이토 등)을 고온으로 가열했을 때 생성되는 아크릴아미드(IARC 그룹 1)도 발암성이 인정되고 있다. 커피나 사과, 샐러리 등에 포함된 향기 성분으로 폴리페놀의 일종 카페산(IARC 그룹 2B)은 발암성과 함께 암 억제 효과도 있다.

식품 중 오염물질인 카드뮴(IARC 그룹 1) 등은 흡입할 경우에는 발암성이 있다고 인정되지만 경구 섭취로는 발암성을 고려하지 않는, 임계값이 있는 독물로 평가되고 있다. 일본의 경우 2011년 3월에 발생한 도쿄전력 후쿠시마 제1원자력발전소 사고에 따른 식품 중 방사성 물질의 안전성도 문제가 되고 있다.

실질적으로는 식품 섭취량에 대응해 내용 섭취량 이하가 되도록 각 식품의 최대 허용 농도를 정해 관리하고 있다.

발암 물질은 임계값이 있는 발암 물질과 임계값이 없는 발암 물질 각각에 대한 평가 방법이 다르다. 임계값이 있는 발암 물질에 대해서는 임계값으로부터 실제의 섭취량을 고려한 폭로 마진(margin of exposure; MOE)을 반영하고 다시 발암 물질로서 1~10의 불확실성이나 암의 세포종·부위·발현 시기 등의 심각성에 대응한 1~10의 불확실성으로 나누어 내용 섭취량을 구한다. 폭로의 여유도 MOE는 불확실성 계수를 포함하지 않는 지표이므로 불확실성 계수곱 UFs가 MOE보다 큰 경우에 리스크가 있다고 판단한다.

$$폭로\ 마진 = \frac{무독성량(NOAEL)}{폭로량}$$

임계값이 없는 발암 물질에 대해서는 미국 환경보호청(Environmental Protection Agency; EPA)이 작성한 벤치마크 도스법이라고 하는 수리 모델이나 세계보건기구(WHO)의 정량적 평가가 사용되고 있다(그림 8.6). 또 발암성 확률을 나타내는 유닛 리스크도 참고로 기재되어 있다. 벤치마크 도스법에서는 동물 실험에서 10%의 동물에 암을 일으킨 폭로량(벤치마크 도스, benchmark dose; BMD)을 구하고, 95% 신뢰 구간의 하한값을 BMDL(benchmark dose lower confidence)로 한다. 거기에서 원점으로 향해 외삽하는 직선을 긋는다.

일본의 대기환경심의회에서는 생애 위험률로서 10^{-5}의 빈도, 즉 100,000마리에 1마리가 암이 되는 빈도로 암을 일으키는 폭로량을 실질 안전량(virtually safety dose; VSD)이라고 정한다. 실질 안전량 빈도는 각각의 리스크 관리 기관마다 달라 미국 환경보호청에서는 10^{-6}, 미국 노동위생청에서는 10^{-3}을 기준으로 하고 있다.

일본에서는 미생물을 죽이기 위해 수도법 시행 규칙에 의해 수돗물에 염소가 1L당 0.1mg 포함되어 있다. 염소 살균에 의해 경구 전염병이 큰 폭으로 감소한 것은 통계적으로도 분명하고, 저렴한 비용에 시행할 수 있다. 하지만 염소와 유기물의 반응에 의해 발암성이 의심되는 트리할로메탄이 생성되는 경우가 있다.

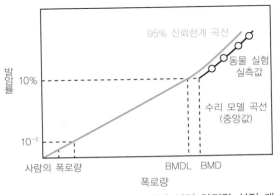

그림 8.6 벤치마크 도스법의 실질 안전량 설정 개념

2004년에 WHO는 생애에 걸친 발암 리스크의 증가분을 10^{-5}(체중 60kg인 사람이 1일 2L를 일생 계속 마셨을 때 10만 명에 1명의 확률로 발암)라고 보고 클로로포름의 규제값을 0.2mg/L로 정했다.

2013년 3월의 수질 기준에 관한 후생노동성령에 의해 일본의 트리할로메탄 수질 기준은 0.1mg/L 이하, 클로로포름은 0.06mg/L 이하로 규제되고 있어 WHO의 기준보다 엄격하다. 트리할로메탄의 제거나 다른 방법으로 살균을 하면 수돗물은 현재의 가격으로는 공급할 수 없다.

한편, 2014년 일본의 악성 신생물에 의한 사망률은 인구 10만 명당 293명이다. 전염병 예방 차원에서 염소 살균의 유효성이나 가격에 대한 리스크/이익 평가 결과 염소 살균은 현재의 일본 사회에 받아들여지고 있다.

미국에서는 사카린의 발암성이 문제가 되어 일단 사용이 금지되었지만, 이후의 리스크 평가 결과 사카린의 발암성이 설탕에 의한 비만에 비해 평균 잔여 수명의 감소 영향이 작은 것으로 밝혀져 사용이 허가되었다.

▶ **칼럼**

유닛 리스크

유닛 리스크란 대기 또는 음료수 중의 화학물질 농도가 $1mg/m^3$, 1mg/L일 때의 생애 발암 위험률(확률)을 나타낸다. 해당 물질을 매일 1mg/kg 체중, 일생 70년간 섭취한 경우의 발암 리스크 상한치를 나타내고 있다. 유닛 리스크가 $2 \times 10^{-6} \mu g/L$인 화학물질 X의 농도가 $1\mu g/L$인 물을 일생 계속 마셨을 경우, 화학물질 X에 의한 암의 발생은 1백만 명당 2명이다.

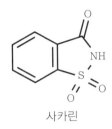

사카린

8_6. 건강에 대한 방사선 리스크 평가

방사선은 높은 운동에너지를 가진 이온, 전자, 중성자, 양자 등의 물질 입자와 X선 (파장이 1pm부터 10nm)의 고에너지 전자파를 총칭하는 말이다. 방사선에 의한 인체 영향은 방사선의 에너지에 의해 세포 내 유전자(DNA)가 손상을 받아 일어난다. 그러나 생물은 DNA의 손상을 회복하는 구조나 이상한 세포를 없애는 구조를 갖고 있기 때문에 어느 정도의 손상은 회복할 수 있다.

한편 한번에 대량의 방사선을 받으면 세포사가 많아져 세포 분열이 왕성한 조직인 조혈기관, 생식선, 장기관 피부 등의 조직에 급성 장애가 일어나는 건강 영향이 생긴다. 세포사가 어느 양에 이를 때까지는 남아 있는 세포가 장기나 조직의 기능을 보완하기 때문에 증상이 나타나지 않지만, 그 양을 넘으면 일정한 증상이 나온다. 이것을 확정적 영향이라고 한다.

확정적 영향에는 일정 이상 방사선을 받으면 영향이 생기고 그 이하에서는 영향이 생기지 않는다고 하는 선량, 즉 임계값이 있다. 급성 장애가 일어나지 않을 정도의 방사선에도 보기 드물게 세포 내 손상이 있었다.

유전자를 회복하지 못해 불완전한 세포가 증식하면 암 등의 건강 영향을 일으키는 일이 있다. 이론적으로는 비록 하나의 세포에 변이가 일어나 장래 암 등의 건강 영향이 나타날 확률이 증가하는 것에서 확률적 영향이라고 한다.

국제적인 합의에 의거한 과학적 지식에 의하면 방사선에 의한 발암 리스크의 증가는 100mSv 미만의 저선량 방사능 노출에서는 스트레스나 담배 등의 다른 요인에 의한 발암의 영향으로 감춰질 만큼 작아 방사선에 의한 발암 리스크의 분명한 증가 사실을 증명하는 것은 어렵다고 본다.

방사선의 강도나 방사선의 영향을 나타내는 단위로는 베크렐(Bq), 그레이(Gy), 시베트(Sv)가 이용되고 있다(표 8.3). 베크렐은 방사선을 방출하는 측의 단위이고 그레이와 시베트는 방사선을 받는 측의 단위이다. 베크렐과 그레이가 나타내는 것은 물리적인 양이므로 측정 가능하지만 시베트가 나타내는 것은 표준적인 사람을 모델로 해서 직접

표 8.3 방사선의 강도와 방사선의 영향을 나타내는 단위

베크렐(Bq)	물질 중의 방사성 물질이 가진 방사능의 강도를 나타내는 단위로 토양이나 식품, 수돗물 등에 포함되어 있는 방사성 물질의 양(방사능의 강도)을 나타낼 때 사용된다. 1초간 하나의 원자핵이 붕괴해 방사선을 내는 방사능을 1베크렐로 한다.
그레이(Gy)	물체나 인체 조직이 받은 방사선의 강도를 나타내는 단위(흡수선량)로 흡수된 에너지량을 나타낸다. 1kg의 물질에 1줄의 에너지가 흡수되었을 경우의 흡수선량이 1그레이다.
시베트(Sv)	사람이 받은 방사선의 건강 영향을 나타내는 단위로 몸의 조직·장기별 영향을 나타내는 등가선량과 전신의 영향을 나타내는 실효선량 등이 사용되고 있다. 등가선량(Sv)은 방사선의 종류(알파선, 베타선 등)에 따라 인체 영향의 크기가 다르기 때문에 그레이(Gy)에 방사선 종류의 차이에 의한 영향도 계수(방사선 하중계수)를 곱해 보정한 값이다

측정할 수 없기 때문에 불확실성은 있지만 방사능 노출 영향의 크기를 파악하는 데는 유용하다.

방사선 하중계수는 알파선이 20, 베타선·감마선이 1이며, 알파선이 베타선이나 감마선보다 사람의 건강에 미치는 영향이 크다. 즉, 베타선 및 감마선(방사성 요오드, 세슘 등)의 경우는 흡수선량(mGy)=등가선량(mSv)이 된다.

표 8.4 방사선에 의한 방사능 노출과 생활 습관에 따른 암 리스크

전 부위에 대한 암의 상대 리스크 [1]		특정 부위에 대한 암의 상대 리스크 [1]	
1000~2000mSv의 피폭	1.8	C형 간염 감염자(간장)	36
흡연자	1.6	피로리균 감염 경험자(위)	10
폭음	1.6	폭음	4.6
500~1000mSv의 피폭	1.4	흡연자(폐)	4.2~4.5
폭음	1.4	650~1240mSv의 피폭(갑상선)	4.0
저체중(BMI<19)	1.29	높은 염분 식품을 매일 섭취(위)	2.5~3.5
비만(BMI≧30)	1.22	150~290mSv의 피폭(갑상선)	2.1
200~500mSv의 피폭	1.19	운동 부족〈남성〉(결장)	1.7
운동 부족	1.15~1.19	비만(BMI>30)(대장)	1.5
염분 과다 섭취	1.11~1.15	(폐경 후 유방암)	2.3
100~200mSv의 피폭	1.08	50~140mSv의 피폭(갑상선)	1.4
채소 부족	1.06	수동 흡연〈비흡연 여성〉(폐)	1.3
수동 흡연〈비흡연 여성〉	1.02~1.03		
100mSv 이하의 피폭	검출 불가능		

1) 방사선의 발암 리스크는 히로시마·나가사키의 원폭에 의한 순간적인 방사능 노출을 분석한 데이터(고형암만)이며, 장기에 걸쳐 방사능 노출의 영향을 관찰한 것은 아니다. 또 생활 습관에 의한 발암 리스크는 40~69세의 일본인을 대상으로 한 조사이다.

출처 : 국립연구개발법인 국립암연구센터 「알기 쉬운 방사선과 암의 리스크」를 참고

실효선량(Bv)은 방사선을 받는 조직이나 장기에 따라 인체에 미치는 영향의 크기가 다르기 때문에 조직 및 장기별 등가선량에, 조직 및 장기의 차이에 의한 영향도 계수(조직 하중계수)를 곱해 모두 더한 값이다.

인체가 방사선을 받는 것을 피폭이라고 하고, 몸 밖에 있는 방사선 물질로부터 방출된 방사선을 받는 외부피폭과 방사성 물질을 포함한 공기, 물, 음식 등을 섭취해 체내에 흡수된 방사성 물질로부터 방사선을 받는 내부피폭으로 나눌 수 있다(표 8.4). 2011년 3월에 발생한 도쿄전력 후쿠시마 제1원자력발전소 사고로 식품의 안전성을 확보하는 관점에서 식품 중 방사성 물질에 관한 리스크 평가, 식품 중 방사성 물질의 기준값 설정, 지방 자치단체의 모니터링 검사가 실시되고 있다. 소비자청은 기준값을 초과한 식품은 회수·폐기하는 외에 기준값 초과가 지역적으로 확대되는 경우에는 출하를 제한해 기준값을 초과하는 식품이 시장에 유통하지 않도록 하고 있다.

토양에는 원래 우라늄 238, 토륨 232나 칼륨 40 등의 천연 방사성 물질이 존재하고

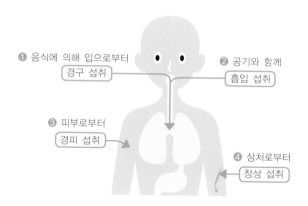

① 음식에 의해 입으로부터
경구 섭취

② 공기와 함께
흡입 섭취

③ 피부로부터
경피 섭취

④ 상처로부터
창상 섭취

있고, 이들 천연 방사성 물질은 식품이나 물에 포함되어 있다. 칼륨 40을 비롯한 식품 중 천연 방사성 물질을 섭취하는 것에 의한 내부피폭량은 평균 연간 0.41mSv 정도이다. 여기에 공기 중 라돈에 의한 내부 방사능 노출이나 우주·대지로부터의 외부피폭을 합하면 자연 방사선으로부터의 방사능 노출량은 연간 1.5mSv 정도이다.

체내에 흡수되는 주요 경로는 ① 음식에 의해 입으로부터(경구 섭취) ② 공기와 함께(흡입 섭취) ③ 피부로부터(경피 흡수) ④ 상처로부터(상처 침입)의 4가지 방법이 있고, 흡수된 방사성 물질이 체외로 배출될 때까지 피폭이 계속된다(표 8.5), 식품 중 방사성 물질의 1년간 내부 방사능 노출량(방사성 물질이 체내에 남아 있는 동안 사람이 받는 내부 방사능 노출의 총선량)은 다음 식으로 구한다(표 8.6).

내부 피폭량(mSv/년)＝식품 중 방사선 물질 농도(Bq/kg)×
연간 섭식량(kg/년)×실효선량계수(mSv/Bq)

표 8.5 경구 섭취 시 성인의 실효선량계수

핵종	실효선량계수(mSv/Bq)
요오드 131	1.6×10^{-5}
세슘 134	1.9×10^{-5}
세슘 137	1.3×10^{-5}

출처 : 원자력안전위원회 「환경 방사선 모니터링 지침」(2008년 3월)

표 8.6 식품 중 방사성 물질 지표값

	일본	코덱스	EU	미국
방사성 세슘	음료수 10		음료수 1000	
	우유 50		유제품 1000	모든 식품 1200
	유아용 식품 50	유아용 식품 1000	유아용 식품 400	
	일반 식품 100	일반 식품 1000	일반식품 1250	
추가 선량의 상한 설정값	1.0mSv	1.0mSv	1.0mSv	5.0mSv
방사성 물질을 함유한 식품 비율의 추정값	50%	10%	10%	30%

표 안의 방사성 세슘 농도 단위 : Bq/kg
출처 : 소비자청 「식품과 방사능 Q&A」. 2016년 3월 15일(제10판)

실효선량계수는 방사성 물질의 종류(핵종)나 섭취 경로, 연령 구분(성인·유아·유아)별로 방사성 물질의 반감기나 체내 움직임, 방출하는 방사선량의 강도나 양 등으로 결정된다.

식품안전위원회에서는 현재의 과학적 지식에 의거한 식품건강영향평가 결과, 방사선에 의한 건강 영향의 가능성이 발견되는 것은 자연 방사선(일본에서는 2.1mSv/년)이나 의료 방사능 노출 등의 일반 생활에 대해 받는 방사선량을 제외한 만큼의 생애에서 추가 누적되는 실효선량이 대체로 100mSv 이상일 것으로 판단하고 있다. 게다가 100mSv 미만의 건강 영향에 대해서는 방사선 외 다양한 요인의 영향과 명확하게 구분할 수 없을 가능성이 있기 때문에 건강 영향에 대해 언급하는 것은 곤란하다고 결론지었다.

이것을 근거로 식품으로부터 추가적으로 받는 방사선 총량이 연간 1mSv를 넘지 않도록 한다는 개념하에 기준값이 설정되었다. 연간 1mSv라는 값은 식품의 국제적인 규격·기준을 정하고 있는 코덱스위원회가 국제방사선방호위원회(ICRP)의 권고를 근거로 더 이상 방사성 방호 대책을 강구해도 의미 있는 선량 저감은 불가능하다고 보고 정한 값과 같다.

표 8.6에 식품 중 방사성 물질에 관한 지표값을 나타낸다. 소아는 성인보다 감수성이 높을 가능성이 지적되고 있다.

1세 미만의 유아용 식품과 아이가 많이 섭취하는 우유에 대해서는 유통품의 대부분이 국산인 점에서 모든 것이 기준값 상한의 방사성 물질을 포함하고 있다고 해도 일반 식품 기준값의 2분의 1(2배 엄격하다)인 50Bq/kg을 기준값으로 했다.

다만, 기준값은 식품 섭취량이나 방사성 물질을 포함한 식품 비율 가정값 등의 영향을 고려하고 있으므로 수치만을 비교할 수 없다. 일본은 방사성 물질을 포함한 식품 비율의 가정값을 높게 설정한 점, 연령·성별별 식품 섭취량을 고려하고 있는 점, 방사성 세슘 이외 핵종의 영향도 고려해 방사성 세슘을 대표로 기준값을 설정하고 있는 점 등에서 기준값이 작다.

갑상선에서 합성되는 갑상선 호르몬은 생식, 성장, 발달 등이 생리적인 프로세스를 제어하고 있어, 대부분의 조직에 대해 에너지 대사를 항진시키는 중요한 역할을 담당하고 있다. 식사 시 해조류 등의 섭취에 의해 일상적으로 요오드를 체내에 흡수하고 있다. 섭취한 요오드는 화학 형태와는 관계 없이 소화관에서 거의 완전하게 흡수된다.

요오드의 상당수는 혈장 중에서 요오드화물 이온으로 존재하고 능동적으로 갑상선에 흡수된다. 그 후 갑상선 호르몬의 선구체 모노요오드티로신 및 디요오드티로신이 되어 최종적으로 갑상선 호르몬이 된다. 흡수된 요오드의 70~80%가 갑상선에 존재해 갑상선 호르몬을 구성하고 있다.

만성적으로 요오드가 결핍될 경우에는 갑상선 자극 호르몬(thyroid stimulating hormone ; TSH)의 분비가 항진해 갑상선이 이상 비대 또는 과형성을 일으켜(이른바 갑상선종), 갑상선 기능이 저하하여 갑상선 기능 저하증이 된다.

한편, 갑상선을 이상하게 자극하는 물질(TSH 리셉터 항체)에 의한 갑상선 자극으로 체내에서 갑상선 호르몬이 다량 합성되었을 경우 바세도우병이 발병한다. 바세도우병은 여성과 남성의 비율이 약 4 : 1로 여성이 압도적으로 많으며 약이나 외과적 수술, 방사성 요오드를 사용한 아이소토프 치료가 행해지고 있다.

체르노빌 원자력발전 사고로부터 4~5년 후에 밝혀진 건강 피해로는 방사성 요오드의 내부 방사능 노출에 의한 소아의 갑상선 암이 있다.

2011년 3월에 일어난 동일본 대지진으로 인한 도쿄전력 후쿠시마 제1원자력발전 사고 후에 후쿠시마현에서는 아이들의 건강을 장기간 지켜보기 위해 갑상선 검사를 실시하고 있다. 소아 갑상선 암의 잠복기는 최단 4~5년이고 내부 피폭 데이터가 결정적으로 부족하다는 점을 감안하여 2014년에 환경성 종합환경정책국 환경보건부는 세계보건기구(WHO)나 유엔과학위원회(UNSCEAR) 등의 국제기관 및 2014년 환경성 등이 개최한 「방사선과 갑상선 암에 관한 국제 워크숍」에 참가한 국내외 전문가의 국제적인 견해와 마찬가지로 현재까지 갑상선 검사를 계기로 진단된 갑상선 암에 대해서는 다음의 이유를 들어 원자력발전 사고에서 유래되었다고 보기 어렵다는 견해를 제시했다.

(1) 지금까지 실시한 조사에 의하면 원자력발전 주변 지역 아이들의 갑상선 방사능 노출 선량은 대체로 적다.

(2) 암이 발견된 사람의 사고 시 연령은 방사선에 대한 감수성이 높다고 여겨지는 유아기가 아니라 그동안 알려진 대로 10대에서 많이 볼 수 있었다.

(3) 갑상선 암의 빈도는 한정된 수이기는 하지만 무증상 아이에게 갑상선 검사를 실시한 과거 예에서도 같은 빈도로 발견되었다.

(4) 2011년 3월 하순에 갑상선 등가선량이 많아질 가능성이 있다고 평가된 이타테무라 등에서 1,080명의 소아를 대상으로 갑상선 선량을 측정한 결과 스크리닝 레벨인 $0.2\mu Sv/h$를 넘은 사람 없이 모두 낮은 선량에 그쳤다.

(5) 환경성이 2012년 실시한 사고 초기의 갑상선 방사능 노출 선량 추계에 관한 사업 평가에서는 갑상선 등가선량이 50mSv를 넘는 것은 거의 없었다.

2016년 환경성 환경보건부에서 발표한 「후쿠시마 현민 건강 조사 『갑상선 검사』현황에 대하여」에 의하면 후쿠시마현의 선행 검사 결과는 조사 대상자의 연령 구성이나 초음파 검사 특성을 고려하면 후쿠시마현과 3현의 갑상선 검사는 거의 같은 결과라고 평가했다(표 8.7).

표 8.7 후쿠시마현 및 후쿠시마현 외 3현의 갑상선 소견율 조사 결과

	후쿠시마현	아오모리, 야마나시, 나가사키현	
조사 대상자 수	300,476명	4,365명	
연령층	0~18세	3~18세	
A1 판정	154,607명 (51.5%)	1,853명 (42.5%)	결절이나 낭포가 확인되지 않았던 것
A2 판정	143,575명 (47.8%)	2,468명 (56.5%)	5.0mm 이하의 결절이나 20.0mm 이하의 낭포가 확인된 것[1]
B 판정	2,293명 (0.8%)	44명 (1.0%)	5.1mm 이상의 결절이나 20.1mm 이하의 낭포가 확인된 것
C 판정	1명 (0.0%)	0명 (0.0%)	갑상선 상태 등으로 판단하여 즉시 2차 검사가 필요한 것
암 확정	101명	1명	

1) 일반 진료에서는 병적인 것으로는 받아들이지 않고, 정상 범위 내의 변화로 간주된다. 괄호 안은 조사 대상
자 수에 차지하는 각 판정자 수의 비율

향후에도 지속적인 조사 연구를 해야 하는 것은 말할 필요도 없지만, 환경성은 후쿠
시마현「현민 건강 관리 조사」를 적극적으로 지원하고 앞으로도 방사능 노출 선량을 평
가·재구축해 나갈 예정이라고 한다.

1. 체중 50kg인 A씨가 잔류 기준값(0.01ppm)의 5배에 달하는 양의 농약 메타미드 포스를 포함한 사고미를 1일당 185g 섭취하였지만, 괜찮다고 말 할 수 있는 것은 이유를 설명하시오. 다만, 메타미드포스에 대한 무독성량 NOAEL는 0.06mg/kg/일이라고 한다.

2. 어떤 화학물질 X의 리스크 평가를 실시하여 폭로 마진(MOE)과 해저드비(HQ)가 다음의 값을 나타냈다. 결과 가운데, 상세한 평가가 필요하다고 생각되는 것은 어느 경우인지를 선택하시오.
   ① MOE값이 90으로 HQ값이 2를 나타냈을 경우
   ② MOE값이 500으로 HQ값이 0.4를 나타냈을 경우
   ③ MOE값이 1200으로 HQ값이 0.08을 나타냈을 경우

3. 어떤 생물의 화학물질 X에 대한 농축계수가 10^4이라고 한다. 물질 A의 농도가 0.05g/m^{3}인 수중에서 그 생물이 생식하고 있을 때, 그 물질 A의 체내 농도 [g/kg]는 얼마일 것으로 예측할 수 있을까. 다만, 생체 매체(물)의 밀도를 1,000kg/m^{3}으로 가정한다.

4. ^{137}Cs와 ^{134}Cs에 관한 다음의 설문에 답하시오. 다만, ^{137}Cs와 ^{134}Cs의 실효선량계수(mSv/Bq)는, 성인의 경우 경구 섭취값 1.3×10^{-5}와 1.9×10^{-5}를 각각 이용하시오.
   (1) 방사능으로 등량의 ^{137}Cs(반감기 30년)와 ^{134}Cs(반감기 2년)가 있다. 15년 후의 ^{137}Cs와 ^{134}Cs의 방사능비로 가장 가까운 값은 무엇인가.
   ① 64 : 1　　② 91 : 1
   ③ 128 : 1　　④ 181 : 1　　⑤ 256 : 1

   (2) 성인이 1kg당 200Bq의 ^{137}Cs와 100Bq의 ^{134}Cs가 포함되어 있는 식품을 1kg 섭취했을 경우에 인체에 미치는 영향의 크기는 몇 mSv가 되는지 구하시오.

5. 방사선의 확정적 영향에 관한 다음의 설명 중 올바른 것을 모두 선택하시오.

① 선량이 증가하면 심각도가 증가한다.

② 유전성 영향은 확정적 영향이다.

③ 갑상선 기능 저하증은 확정적 영향이 아니다.

④ 흡수선량이 10mGy에서도 영향이 발생한다.

⑤ 방사능 노출 선량을 임계선량 이하로 하여 발생을 방지할 수 있다.

9장 실험계 폐기물

화학 실험에는 반드시 폐기물이 발생한다. 대학 등에서는 실험 폐기물을 학내에서 처리하는 경우가 많았다. 그런데 최근에는 외부에 처리를 위탁하는 비율이 높아지고 있다. 실험계 폐기물은 그 자체가 위험하거나 유해하기 때문에 주의 깊게 취급해야 한다. 게다가 복수의 실험 폐액을 혼합하는 일이 있기 때문에 매우 위험하다. 본 장에서는 안전한 저장과 위탁 처리를 위한 폐기물 분류와 위험성 등에 대해 해설한다.

9_1. 대학의 폐기물 처리 변천사

과거 대학의 실험실에서 발생한 실험계 폐기물은 원점 처리의 원칙에 의거해, 학내에 설치된 유기 폐액 소각로나 무기 폐액 처리 시설 등에서 처리되어 학외로 반출되는 폐기물이 적었다.

그러나 소각로에서 발생하는 다이옥신이 큰 사회 문제가 되어 다이옥신 대책 특별 조치법이 시행되면서 소각로에 대한 규제가 엄격해졌다. 또 배출되는 무기 폐액이 다양해짐에 따라 유기 및 무기 폐액 처리 시설을 갱신하지 않고 폐액 처리를 외부에 위탁하는 대학이 많아졌다.

때문에 유해 혹은 위험한 실험계 폐기물이 그대로 학외에 반출되므로 위험한 물질은 적절하고 안전하게 처리·분류해 수집 운반 중에 누설되지 않도록 위탁업자와 폐액 분류, 수집 등에 대해 면밀하게 협의한 뒤에 계약하는 것이 중요하다. 예를 들어, 라벨이 벗겨져 내용물을 알 수 없는 시약을 처리하려면 처리 방법을 결정하기 위해 내용물을 분석해야 한다.

따라서 분명치 않은 시약을 처분하려면 많은 비용이 든다. 그럼, 내용물을 알 수 없는 폐액은 어떨까? 무기 폐액인가? 유기 폐액인가? 수은은 들어 있지 않은가? 시안화물 이온은? 중금속은? 등 조사해야 할 내용이 훨씬 더 많아 처리에 많은 비용이 발생한다.

게다가 분류와 다른 물질이 포함되어 있을 경우에는 어떠한 일이 일어날까. 예를 들어, 중금속 폐액에 시안화물 이온이 혼입되어 있는 경우를 생각해 보자. 중금속은 페라이트 처리한 후 처리수는 방류되지만 시안화물 이온은 처리되지 않고 방류되어 배수기준을 초과하게 된다.

최악의 경우는 시안이 혼입한 폐액과 산성의 중금속 폐액이 혼합되어 시안화수소가 발생하고, 이를 작업자가 흡인해 죽음에 이르는 일도 예측된다.

폐시약의 내용물은 라벨로 확인할 수 있지만 폐기물의 내용을 알 수 있는 것은 배출자뿐이다. 폐액을 외부 위탁하는 경우에는 내용물을 명시하고 분류 규정을 엄수하는 것이 중요하다. 또, 학외로 실험계 폐기물이 이동되는 만큼 트럭 이송 중에 폐액이 누설하지 않도록 용기에도 주의를 기울여야 한다

사업자는 폐기물의 운반·처리를 위탁하는 경우 업자의 선정에 대해서도 책임이 따른다. 위탁한 폐기물이 불법 투기되면 그 책임은 배출자가 져야 하므로 처리 방법, 실적 조사, 시설 견학 등을 실시해서 면밀히 검토해 비용만을 고려해 결정할 수 없게 한다.

9_2. 산업 폐기물의 분류

화학 실험에서 발생하는 폐기물은 산업 폐기물에 해당하며, 폐기물의 처리 및 청소에 관한 법률(이하, 폐기물처리법)에 따라 적절히 처리하는 것 및 재생 이용에 의해 감량에 노력하는 것이 배출 사업자의 책무로 정해져 있다. 화학 실험에서 발생하는 산업 폐기물은 주로 표 9.1의 분류에 해당한다. 산업 폐기물 중 특별관리 산업 폐기물은 '폭발성, 독성, 감염성, 기타 사람의 건강 또는 생활환경과 관련된 피해를 일으킬 우려가 있는 성질과 상태를 가지는 폐기물'로 규정되어 보다 엄격한 규제가 적용되고 있다.

예를 들어, 1.6절에서 말한 것처럼 위험물 제4류로 인화점이 70℃ 미만에 상당하는 것은 특수 인화물, 제1석유류, 제2석유류, 알코올류 등이다. 이러한 용제류를 폐기하는 경우에는 특별관리 산업 폐기물에 해당한다.

대학의 연구실에서 사용하는 유기용제류는 거의 인화점이 70℃ 미만이기 때문에 특별관리 산업 폐기물인 인화성 폐유에 해당한다.

사업자가 산업 폐기물의 처리를 허가업자에게 위탁하는 경우에는 산업 폐기물 관리

표 9.1 산업 폐기물의 분류(화학 실험에 관련한 것만 발췌)

산업 폐기물	폐유 폐산 폐알칼리 진흙		
특별관리 산업 폐기물	인화성 폐유(인화점 70℃ 미만의 폐유(휘발유류, 등유류, 경유류)) 부식성 폐산(pH2.0 이하인 것(현저하게 부식성을 갖는 것)) 부식성 폐알칼리(pH12.5 이상인 것(현저한 부식성을 갖는 것))		
	특정 유해 산업 폐기물	진흙[1] 폐산[1] 폐알칼리[1] 폐유[2]	

1) 유해 물질의 판정 기준(표 9.2)에 적합하지 않는 것
2) 폐용제에 한한다 : 트리클로로에틸렌, 테트라클로로에틸렌, 디클로로메탄, 사염화탄소, 1,2-디클로로에탄,
   1,1-디클로로에틸렌, 시스-1,2-디클로로에틸렌, 1,1,1-트리클로로에탄, 1,1,2-트리클로로에탄. 1,3-디클
   로로프로펜, 벤젠, 1,4-디옥산(폐기물처리법 시행령에서 정하는 시설에서 발생한 것에 한한다)

표(매니페스토)가 필요하다. 매니페스토 제도는 산업 폐기물의 위탁 처리에 있어 배출자 책임의 명확화와 불법 투기의 사전 방지를 목적으로 실시되고 있다. 처리를 위탁하는 경우에는 필요 사항을 기재한 매니페스토를 교부해 산업 폐기물과 함께 유통시켜 폐기물이 적정하게 처리되고 있는지 파악해야 한다. 법률에 따라 위탁 계약서와 매니페스토는 5년간 보존할 의무가 있다.

9_3. 연구실에서 발생하는 폐기물

대학 연구실에서 발생하는 폐기물은 액체 폐기물(유기 폐액, 무기 폐액), 고체 폐기물, 기체 폐기물로 분류된다. 본서에서는 생물계 폐기물, 감염성·의료계 폐기물 등은 다루지 않는다.

표 9.2 유해물질의 판정 기준

유해물질	석탄재, 오니, 광재, 분진 (용출시험) mg/L 이하	폐산·폐알칼리 (함유시험) mg/L 이하
알킬수은화합물	검출되지 않을 것	검출되지 않을 것
수은 또는 그 화합물	0.005(Hg로서)	0.05(Hg로서)
카드뮴 또는 그 화합물	0.09(Cd로서)	0.3(Cd로서)
납 또는 그 화합물	0.3(Pb로서)	1(Pb로서)
유기인화합물[1]	1	1
육가크롬화합물	1.5(Cr로서)	5(Cr로서)
비소 또는 그 화합물	0.3(As로서)	1(As로서)
시안화합물	1(CN으로서)	1(CN으로서)
폴리염화비페닐	0.003	0.03
트리클로로에틸렌	0.1	1
테트라클로로에틸렌	0.1	1
디클로로메탄	0.2	2
사염화탄소	0.02	0.2
1,2-디클로로에탄	0.04	0.4
1,1-디클로로에틸렌	1	10
시스-1,2-디클로로에틸렌	0.4	4
1,1,1-트리클로로에탄	3	30
1,1,2-트리클로로에탄	0.06	0.6
1,3-디클로로프로펜	0.02	0.2
튜람(테트라메틸티우람디술피드)	0.06	0.6
시마진(2-클로로-4,6-비스 (에틸아미노)-1,3,5 트리아진)	0.03	0.3
티오펜칼브(8-4-클로로벤질 -N,N-(디에틸티오카바메이트)	0.2	2
벤젠	0.1	1
셀렌 또는 그 화합물	0.3(Se로서)	1(Se로서)
1,4-디옥산	0.5	5
다이옥신류	3ng-TEQ/g 이하 [2]	100pg-TEQ/L 이하 [2]

1) 유기인 화합물 : 파라티온, 메틸파라티온, 메틸디메톤 및 EPN에 한한다.
2) TEQ : 독성 등량 다이옥신류 화합물의 실측 농도를, 독성이 가장 강한 이성체인 2,3,7,8-4염화디벤조파라디옥신의 독성
   농도로 환산하여 그 총합으로 나타낸 수치

9.3.1 액체 폐기물

액체 폐기물은 일반적으로 유기 폐액 및 무기 폐액으로 분류된다. 액체 폐기물은 다음과 같은 사항에 유의해야 한다. 안전한 운반과 적절한 처리를 위해서는 상술한 것처럼 정확한 분별과 내용물의 개시가 필요하다.

【주의 사항】

(1) 고형물은 여과해 없앤다.

(2) 현저하게 악취를 발하는 물질을 혼입시키지 않는다.

(3) 현저하게 독성이 높은 물질을 혼입시키지 않는다.

(4) 발화성, 반응성 물질을 혼입시키지 않는다.

(5) 혼합 위험에 주의를 기울인다.

실험실 내에 두는 폐액 용기는 리스크를 줄이기 위해서라도 용량을 작게 하는 것이 좋다. 또, 만일의 누설에 대비하여 통 안에 두는 것이 좋다(사진 9.1). 누설에 대비해 흡수제를 상비해 둔다(사진 9.2).

폐액 처리를 외부 위탁하는 경우에는 반드시 내용물을 개시한다. 또, 폐액은 적정하게 분류하지 않으면 처리 작업자가 위험에 처하고 적정하게 처리되지 않은 물질이 환경에 배출될 수도 있다. 따라서 올바르게 분류해 건넨다.

• 폐액으로 이동한 화학물질이 PRTR 대상 물질(자치단체에 따라서는 조례에 의해 대상 물질의 범위가 넓거나 보고 의무 취급량이 적게 설정되어 있는 곳도 있으므로 주의가 필요하다)이고 사업소로서 보고 의무가 있는 물질인 경우에는 폐액 이동량

사진 9.1 폐액 탱크 보관 예

사진 9.2 흡수제

을 장부 등에 기입해 둔다(소속 기관에 따라서는 집계 방법이 다르므로 주의한다).
- 폐액은 위험물이라는 인식을 갖고 철저히 분별 저장해 혼촉 위험에 주의(내용물을 기록)를 기울인다.
- 폐액은 위험물이므로 햇빛이 닿지 않고 온도가 높지 않은 장소에 보관한다.
- 폐액은 바로 분류해 내용물을 알 수 있게 한다.
- 폐액의 수수 시에는 용기에서 새지 않는지 확인한다.

● 유기 폐액

유기 폐액은 주로 극성, 비극성, 함할로겐, 특수 인화물, 함수 등으로 분류된다. 각각의 분류에 해당하는 용매와 추천 용기를 표 9.3에 나타냈다

【주의 사항】
(1) 용기 가득히 폐액을 넣었을 경우 여름철에는 폐액이 팽창하여 용기가 파열될 우려가 있기 때문에 90% 이상은 넣지 않는다.

표 9.3 유기 폐액의 분류

구분	예 : 화합물	용기[1]
극성 폐액	메탄올, 에탄올, 아세톤, 테트라히드로푸란, 2-프로판올 등	1말통 또는 10L 플라스틱 용기
비극성 폐액	벤젠, 톨루엔, 헥산, 초산에틸, 크실렌 등	1말통 또는 10L 플라스틱 용기
함할로겐 폐액	디클로로메탄, 클로로포름, 사염화탄소 등	1말통 또는 10L 플라스틱 용기 (20L 플라스틱 용기도 가능)
특수 인화물 폐액	디에틸에테르, 펜탄, 이황화탄소 등	20L 원형 드럼
함수 폐액	물을 함유한 극성 폐액	1말통 또는 플라스틱 용기 (20L 플라스틱 용기도 가능)

1) 위험물 용기는 위험물 규제에 관한 규칙의 위험 등급에 따라 정해져 있다. 폐액도 그에 따른 용기를 이용하는 것이 바람직하다. 특수 인화물 폐액(위험 등급 I)은 환형 드럼(사진 9.8), 극성 폐액, 비극성 폐액은 대부분이 위험 등급 II에 해당하는 용매(아세톤, 메탄올, 에탄올, 1-프로판올, 2-프로판올, 헥산, 벤젠, 톨루엔, 초산에틸 등)이기 때문에 20L 폴리 용기에 저장하는 것은 부적절하고 1말통 또는 10L 플라스틱 용기(사진 9.1)를 이용한다.

사진 9.3 특수 인화물 폐액 용기

(2) 유기 폐액은 기본적으로 위험물 제4류의 유기용매 혹은 할로겐계 용매(디클로로메탄, 클로로포름, 사염화탄소 등)이며 반응성 물질이나 중금속이 혼입하지 않게 한다.

(3) 반응 탐색 등의 경우도 후처리를 하지 않고 그대로 폐액에 투입하지 않도록 한다.

(4) 중합반응을 하는 데 투입량에 문제가 있어 반응을 중지하는 경우에는 중합 개시제를 분해해야 한다. 또 중합성 모노머는 전부 반응시키거나 문제가 없는 농도로 희석한다.

(5) 1말통에 저장하는 경우에는 장기 저장은 피하고 부식을 조심한다. 산은 중화할 것.

(6) 폐액의 뚜껑을 연 채 또는 깔때기를 꽂은 채 두지 않는다.

(7) 폐액 회수 시(혹은 폐액 이동 시)에는 폐액 캔 또는 폴리 용기가 새지 않는지 확인한다. 옆으로 누이면 새는지 알 수 있다.

(8) 중금속을 포함한 유기 폐액은 적정한 방법으로 중금속을 처리, 분리해 배출한다.

(9) 폐액 전달 장소에서는 화기에 주의하고 소화기를 휴대한다.

【사고 예와 대책】

예 ① : 1말통에 폐액을 넣고 장기 보관했기 때문에 내부로부터 부식이 진행되어, 실험실 바닥에 폐액이 누설했다.

　　대책▶ 부식성 폐액은 폴리 탱크에 저장하고 유기산은 중화한다.

예 ② : 폐액을 대차에 싣고 이동하던 중 대차에서 떨어져 폐액이 누설했다.

　　대책▶ 폐액이 떨어지지 않게 대차에 고정한다. 폐액 용기의 뚜껑에서 새지 않는지 확인한다.

예 ③ : 폐액의 악취가 매우 강했기 때문에 처리업자로부터 클레임이 있었다.

　　대책▶ 악취가 강한 물질은 넣지 않는다.

예 ④ : 회수 용기에 용매 캔을 재사용한 결과, 회수 트럭에 적재했을 때 캔에 핀홀이 열려 폐액이 짐받이에 누설하여 회수 트럭이 공장에 도착했을 때는 내용물이 새 거의 텅 비었다.

　　대책▶ 회수 용기에 용매 캔을 재사용하지 않는다.

예 ⑤ : 회수 용기에 새로운 캔을 사용했지만 회수 트럭에 적재했을 때, 캡의 부분으로부터 내용물이 샜다.

　　대책▶ 패킹을 장착하고 스토퍼도 붙이고 트럭 적재 시에는 옆으로 넘어져도 새지 않는지 확인한다.

예 ⑥ : 라벨이 벗겨진 시약병의 내용물을 확인하기 위해 뚜껑을 열려고 했는데 내압이 높았기 때문에 병이 파열해 유리 파편에 열상을 입었다.

　　대책▶ 약품에 따라서는 내압이 걸려 있는 것이 있으므로 주의한다. 내용물이 확실치 않은 약품을 방출하지 않는다.

● **무기 폐액**

　무기 폐액은 주로 시안계, 수은계, 중금속계, 사진계, 산, 알칼리, 불소계 등으로 분류된다. 각각의 분류에 대한 주의 사항과 추천 용기를 표 9.4에 나타냈다. 무기 폐액은 20L 플라스틱 용기에 저장해 회수한다.

【주의 사항】

(1) 유기물의 혼입은 피한다.

(2) 산화제나 환원제는 반드시 처리해 둬야 한다.

(3) 중금속 등을 포함한 무기 폐액은 금속별로 저장하는 것이 바람직하다.

(4) 분류에 맞지 않는 폐액은 분류 기준이 가까운 폐액에 넣을 것이 아니라 별도 처리를 위탁한다.

표 9.4 무기 폐액의 분류

분류	주의 사항	용기
시안계 폐액	• pH12 이상으로 저장한다. • 포함된 중금속류는 명시한다. • 유기시안화합물은 적용되지 않는다 .	20L 플라스틱 용기
수은계 폐액	• 유기수은은 산화 분해해 둔다. • 금속수은은 별도 저장한다.	20L 플라스틱 용기
중금속 폐액	• 유기금속은 무기화해 둔다. • 안전을 위해 금속별로 분별하여 저장하는 것이 바람직하다. • 불화수소는 별도 저장한다.	20L 플라스틱 용기
사진계 폐액	• 현상액, 정착액은 분별 저장한다.	20L 플라스틱 용기
폐산	• 진한 산은 희석해 둔다. • 불화수소는 별도 저장한다.	20L 플라스틱 용기
폐알칼리	• 진한 알칼리는 희석해 둔다.	20L 플라스틱 용기

【사고 예와 대책】

예 ① : 플라스틱 탱크에 불화수소 폐액을 넣어 보관하던 중 플라스틱 탱크에 균열이 생겨 계단 아래층의 도서실까지 누설했다.

　대책▶ 플라스틱 용기는 소모품이기 때문에 5년을 기준으로 교환한다. 또, 누설에 대비해 플라스틱 용기는 통 속에 둔다(p.181의 사진 9.1)

예 ② : 중금속 폐액에 시안화물이온이 혼입해 있었기 때문에 폐액 기준을 초과한 시안화물이온이 처리되지 않은 채 하수에 배출될 뻔 했다.

　대책▶ 정확하게 분별할 것.

예 ③ : 중금속 폐액에 디클로로메탄이 혼입해 있었기 때문에 중금속을 처리한 배수에 고농도의 디클로로메탄이 들어간 채 하수로 배출될 뻔 했다.

　대책▶ 정확하게 분별할 것.

● 혼합위험

실험계 폐수는 위험물이므로 보관과 취급 시에는 신중해야 한다.

특히 폐액은 다양한 물질이 섞인 혼합물이기 때문에 폐액을 탱크에 추가할 때나 폐액 혼합 시에는 발열이나 가스의 발생 등에 대비하면서 행한다. 불필요한 시약은 폐액에 넣지 않아야 한다. 또 1.9절에 나타낸 혼합위험에도 주의를 기울일 필요가 있다.

표 9.5에 가스가 발생하는 조합성을 나타냈다. 예를 들어 탄산염과 산처럼 탄산가스를 발생하는 조합에서도 용기가 파열하는 사고를 일으킬 가능성이 있기 때문에 탱크의 내용물은 반드시 메모해 두는 것이 중요하다.

【사고 예와 대책】

예 ① : 회수 직전에 2가지 폐액을 혼합했기 때문에 가스가 발생하여 1말통이 부풀어 올랐다.

대책▶ 폐액을 혼합하는 경우에는 발열, 가스의 발생 등에 주의한다. 회수 직전에 폐액을 혼합하지 않을 것.

표 9.5 가스를 발생하는 화학물질의 조합

주제	부제	발생 가스
아질산염	산	아질산가스
아지화물	산	아지화수소
시안화물	산	시안화수소
차아염소산염	산	염소, 차아염소산
질산	구리나 철 등의 금속	아질산가스
아황산염	황산	아황산가스
셀렌화물	환원제	셀렌화수소
텔루르화물	환원제	텔루르수소
비소화물	환원제	비화수소(아르신)
황화물	산	황하수소
인	수산화칼륨, 환원제	인화수소
염화암모늄	수산화나트륨	암모니아
탄산염, 탄산수소염	산	탄산가스

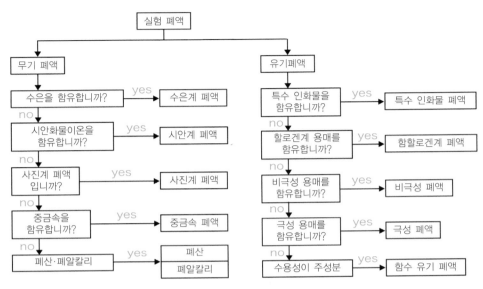

그림 9.1 실험 폐액 분류 흐름도

● 실험계 폐액의 분류 흐름

일반적인 실험계 폐액의 분류 흐름을 그림 9.1에 나타냈다. 소속 기관에 따라 다를 수 있으므로 충분히 확인한다. 또 분류에 맞지 않는 폐액은 별도 저장하고 내용물을 개시해 처리를 위탁한다.

9.3.2 고체 폐기물

화학물질을 포함한 수지, 사용한 실리카겔, 활성탄소, 여과지 등이 해당한다.

> ▶ 칼럼

시약을 폐기할 때 주의 사항

일반적으로 불필요해진 시약은 폐액과는 별도로 처리를 위탁한다. 불필요해진 시약을 폐액 탱크에 버리는 것은 위험하다. 이처럼 시약을 폐기하는 데는 비용이 든다. 따라서 시약은 필요 최소한 양만큼 구입하는 것이 좋다. 대용량의 시약이 값이 싸다고 해서 구입하면 폐기 비용이 더 비쌀 수 있다. 약품관리시스템을 사용하여 연 1회는 재고 조사를 통해 시약을 체크해서 라벨이 벗겨지거나 내용물이 뭔지 모르는 사태를 방지한다. 또 장기간 사용하지 않은 불필요한 시약은 폐기한다.

사진 9.4 messcud 용기

【주의 사항】

(1) 사용한 실리카겔 등은 사용한 용제를 제거하고 나서 배출한다.

(2) 주사바늘이나 주사통 등은 감염성 폐기물로 구분해서 messcud 용기(사진 9.4)
에 보관해 회수를 의뢰한다.

【사고 예와 대책】

예 ① : 주사바늘이 가연 쓰레기에 혼입했기 때문에 회수 작업 시 작업자의 손에
박혔다.

대책 주사바늘은 감염성 폐기물로 회수한다.

예 ② : 분리에 사용한 실리카겔을 가연 쓰레기에 버렸기 때문에 용제 냄새가 감
돌아 회수가 거부되었다.

대책 인화 우려가 있으므로 실리카겔에 잔류한 용제는 증류한 후 적절한 분
류 절차에 따라 회수한다.

예 ③ : 대형 쓰레기 회수 장소에 배출된 금속 용기의 내용물을 확인하기 위해 용
기를 기울였는데 금속 수은이 흘러 아스팔트에 산란했다. 수은 제거 후 아스
팔트 틈새에 스며든 수은을 제거하기 위해 아스팔트를 긁어냈다.

대책 내용물은 배출자의 책임하에 확인할 것.

표 9.6 특정 악취 물질

분류	특정 악취 물질
함질소화합물	암모니아(NH_3), 트리메틸아민[$(CH_3)_3N$)]
함황화합물	메틸메르캅탄(CH_3SH), 황화수소(H_2S), 황화메틸(CH_3SCH_3), 이황화메틸(CH_3SSCH_3)
카르보닐화합물	아세트알데히드(CH_3CHO), 프로피온알데히드(C_2H_5CHO), 노말부틸알데히드(C_3H_7CHO), 이소부틸알데히드($iso-C_3H_7CHO$), 노말발레르알데히드(C_4H_9CHO), 이소발레르알데히드($iso-C_4H_9CHO$), 메틸ISO부틸케톤($iso-C_4H_9COCH_3$)
방향족화합물	톨루엔($C_6H_5CH_3$), 스틸렌($C_6H_5CH=CH_2$), 크실렌 ($C_6H_4(CH_3)_2$)
알코올	이소부탄올($iso-C_4H_9OH$)
카복실산 및 에스테르	초산에틸($CH_3COOC_2H_5$), 프로피온산(C_2H_5COOH), 부티르산(C_3H_7COOH), 노말길초산(C_4H_9COOH), 이소길초산($iso-C_4H_9COOH$)

9.3.3 기체 폐기물(배기가스)

유독 기체가 발생하는 경우에는 드래프트 내에서 실험이나 작업을 실시하고 발생한 기체는 트랩 혹은 스크러버로 흡수하되, 그대로 배출하지 않는다. 처리 및 흡수에 이용한 액체는 적정하게 처리한다.

【주의 사항】
(1) 아크롤레인(흡수 방식, 직접 연소 방식), 불화수소(흡수 방식, 흡착 방식), 황화수소(흡수 방식, 산화 · 환원 방식), 황산디메틸(흡수 방식, 직접 연소 방식) 등이 배출되는 경우에는 정해진 배기가스 처리 장치를 마련해야 한다.
(2) 악취방지법에 규정된 특정 악취 물질은 표 9.6에 나타낸 22물질이 해당한다. 이 물질들을 사용하는 경우에는 스크러버 드래프트에서 실험하는 것이 바람직하다.

9_4. 실험 배수

실험실 내 개수대에서 배출되는 배수는 일반적으로 공공 하수도에 유입한다. 실험실의 개수대는 특정 시설로서 신고해야 하고 수질오탁방지법이나 하수도법의 규제를 받고 있다. 유해 물질이나 유해 물질 이외에도 표 9.7에 나타낸 하수도 기준이 정해져 있으므로 준수해야 한다.

기준을 초과했을 경우에는 자치단체에서 배수 정지 처분을 받을 수 있으므로 주의해야 한다. 특히 디클로로메탄과 같은 수용성이 높은 용제를 취급할 때는 용제에 접촉한 물도 주의 깊게 회수해서 개수대에 유출시키지 않도록 주의한다. 또 실험기구에 부착한 화학물질도 세정하고 2차 세정수까지 회수하되 적절한 폐액으로 분류해 저장한다.

【주의 사항】

(1) 폐액을 그대로 개수대에서 유출시키지 않도록 한다.

(2) 액-액 추출에서 발생한 불필요한 수층도 회수한다.

(3) 유해 물질을 사용한 경우에는 수층이나 기구의 세정에 특히 주의한다.

(4) 디클로로메탄, 1,4-디옥산 등 수용성이 높은 용매류 취급 시에는 특히 주의한다.

【사고 예와 대책】

예 ① : 디클로로메탄을 추출에 사용한 수층을 개수대에 흘렸기 때문에 기준값을 넘는 농도의 디클로로메탄이 검출되었다.

대책▶ 추출수는 반드시 회수하고 기구 세정 시 2차 세정수까지 회수한다. 디클로로메탄의 수용성은 13g/L(20℃)로 매우 높다. 추출에 사용한 수층 1L를 배출하는 경우, 25m 수영장 규모의 물로 균일하게 희석해도 0.04mg/L(하수도 배제 기준값 0.2mg/L) 정도밖에 묽게 할 수가 없기 때문에 희석해 배출해서는 안 된다.

※ 소속 기관이나 취급 물질에 따라 회수 세정수의 횟수가 다른 경우가 있으므로 주의한다.

표 9.7 하수도 배제 기준

측정 항목	배출 기준 mg/L 이하[1]
온도	45℃
암모니아성 질소, 아질산성 질소 및 질산성 질소	380
수소이온 농도(pH)	5~9
생물 화학적 산소 요구량(BOD)	600[2]
부유물질량(SS)	600
노말헥산 추출 물질 함유량	
광유류 함유량	5
동식물 유지류 함유량	30
질소 함유량	240
인 함유량	32
요오드 소비량	220
카드뮴 및 그 화합물	0.03(Cd로서)
시안화합물	1(CN으로서)
유기인화합물	1
납 및 그 화합물	0.1(Pb로서)
육가크롬화합물	0.5(Cr로서)
비소 및 그 화합물	0.1(As로서)
수은 및 알킬수은 기타 수은화합물	0.005(Hg로서)
알킬수은화합물	검출되지 않음
폴리염화비페닐(PCB)	0.003
트리클로로에틸렌	0.1
테트라클로로에틸렌	0.1
디클로로메탄	0.2
사염화탄소	0.02
1,2-디클로로에탄	0.04
1,1-디클로로에틸렌	1.0
시스-1,2-디클로로에틸렌	0.4
1,1,1-트리클로로에탄	3
1,1,2-트리클로로에탄	0.06
1,3-디클로로프로펜	0.02
튜람	0.06
시마진	0.03
싸이오벤카브	0.2
벤젠	0.1
셀렌 및 그 화합물	0.1(Se로서)
붕소 및 그 화합물	10 또는 230(B로서)[3]
불소 및 그 화합물	8 또는 15(F로서)[3]
1,4-디옥산	0.5
페놀류	5
구리 및 그 화합물	3(Cu로서)
아연 및 그 화합물	2(Zn으로서)
철 및 그 화합물(용해성)	10(Fe로서)
망간 및 그 화합물(용해성)	10(Mn으로서)
크롬 및 그 화합물	2(Cr로서)
다이옥신류	10pg-TEQ/L
색 또는 악취	이상하지 않을 것

1) 기준값은 자치단체에 따라 다른 경우가 있다. 2) 1L에 대해 5일간 600mg 미만

3) 해역에 배출되는 것은 후자의 값

폐기물에 관한 정리

(1) 폐기물은 적정하게 분별한다.

(2) 폐기물은 내용을 공개하고 위탁 처리를 의뢰한다.

(3) 소속 기관의 분류에 맞지 않는 폐기물은 별도 처리를 위탁한다.

(4) 폐액은 흘려 보내지 않는다.

(5) 실험기구의 세척수도 2차 세척수까지 회수한다.

(6) 폐기물은 쌓아두지 말고 자주 회수한다.

문 제

1. 특별관리 산업 폐기물에 해당하지 않는 것은 무엇인가?

① 폐유

② 인화성 폐유

③ 부식성 폐산(pH2.0 이하인 것)

④ 폐산(pH3.0)

2. 무기 폐액을 저장, 회수할 경우에 행해도 문제없는 것은 무엇인가?

① 유기 폐액은 소량이면 섞여 있어도 괜찮다.

② 환원제나 산화제를 처리하지 않고 저장해도 괜찮다.

③ 금속별로 저장할 필요는 없다.

④ 불화수소도 다른 무기 폐액과 별도로 저장할 필요는 없다.

⑤ ①~④ 모두

3. 폐기물을 외부 위탁 처리할 때 중요한 것은 무엇인가?

① 내용물을 공개하는 것

② 계약대로 분류하는 것

③ 이송 시에 누설하지 않는 적절한 용기를 이용한다.

④ ①~③ 모두

4. 질산을 포함한 폐액은 어느 구분으로 폐기해야 하는가?

　① 유기 폐액　　　　② 무기 폐액　　　　③ 흘려보낸다.

　④ 중화해 흘린다.

5. 에바포레이터로 유거한 헥산은 어느 분류의 폐액에 포함되는가?

　① 극성 폐액　　　　② 비극성 폐액　　　　③ 함할로겐 폐액

　④ 특수 인화물 폐액　　⑤ 함수 폐액

6. 실험이 종료하고 기구를 세정할 때 폐액을 회수한 뒤의 올바른 기구 세정 방법은 무엇인가?

　① 그대로 세제로 세정한다.

　② 기구에 붙은 화학물질도 적절히 회수한다.

　③ 규제되고 있는 물질을 사용하지 않았기 때문에 세제로 세정한다.

7. 실험이 종료하고 유기용매에 소량의 금속이 용해한 폐액이 나왔다. 어느 폐액에 넣어야 하는가?

　① 무기 폐액(중금속)에 넣는다.

　② 금속과 유기용매를 분리한다.

　③ 유기 폐액에 넣는다.

　④ 내용물을 공개하고 처리를 위탁한다.

　⑤ ①과 ③이 맞다.

　⑥ ②와 ④가 맞다.

8. 반응해서 가스가 발생하는 화학물질의 조합은 무엇인가?

　① 시안화물과 산　　② 차아염소산염과 산　　③ 황화물과 염기

　④ 인과 산화물　　　⑤ 탄산염과 산

9. 특정 악취 물질로 지정되어 있는 화합물은 무엇인가?

　① 암모니아　　　　② 트리에틸아민　　　　③ 벤즈알데히드

　④ 톨루엔　　　　　⑤ 초산에틸　　　　　　⑥ 프로피온알데히드

법률명	독극법	노동안전위생법			
규칙 구분 등	독물/극물	특화칙 1~3류	특별 관리 물질	유기칙 1~3종	57조의 2 문서의 교부
화학물질명칭 〔요구사항〕	시정 보관 사용 장부 분실·도난 신고	드래프트· 보호구 사용	사용 장부· 작업 기록 30년 보관	드래프트 보호구 사용	리스크 평가 실시→ 리스크 저감화
아세톤				2종	○
에탄올					○
메탄올	극			2종	○
헥산					○
클로로포름	극	2류	○		○
2-프로판올				2종	○
아세토니트릴	극				○
염산 36%	극(>10%)	3류			
디클로로메탄		2류	○		
초산에틸	극			2종	○
디메틸포름아미드				2종	○
톨루엔	극			2종	
황산	극(>10%)	3류			
수산화나트륨	극(>5%)				
디에틸에테르				2종	○
크실렌	극			2종	○
과산화수소	극(>6%)				○
초산					○
테트라히드로푸란				2종	○
디메틸술폭시드					○
수산화칼륨	극(>5%)				
암모니아수	극(>10%)	3류			○
에틸렌옥사이드	극	2류	○		○
글리세린					
질산	극(>10%)	3류			○
포름알데히드	극	2류			○
1,4-디옥산		2류	○		○
2-메르캅토에탄올	독(>10%)[5]				
아지화나트륨	독(>0.1%)				
벤질 클로라이드	독				○
메탄술포닐 클로라이드	독				
카코딜산나트륨	독	2류	○		○
시안화나트륨	독	2류			○
티메로살	독				
피로카테콜	극				○
염화포스포릴	독				○
벤젠티올	독				○
트리부틸아민	독				
수산화테트라메틸암모늄	독				
피발로일 클로라이드	독				
무수 초산	극				
무수 말레산	극				○
불화수소산	독	2류			○

1) 냄새계수로 규제되어 있는 경우도 있다.
2) 특 : 특정 제1종 지정 화학물질
3) 4-1물 : 위험물질 4류 제1석유류 수용성, 4-1폐수 : 위험물질 4류 제1석유류 비수용성, 아 : 알코올류, 특 : 특수 인화물

노동안전위생법 작업 환경 측정 측정 결과 보관(3 혹은 30년), 측정 기준 준수	노동기준법 여성 노동 기준 규제 작업 환경 측정 제1 관리 구분 →여성 취업 금지	악취방지법[1] 특정 악취 물질 부지 경계선, 기체 배출구, 배출수의 농도 규제	위험물[3] 대량 보관 허가, 신고	소방 활동 저해물질 대량 보관 신고	수질오탁방지법 유해 물질 누설 사고 보고 폐수 회수[4]	지정 물질 누설 사고 보고	PRTR법[2] 제1종 정령 번호 대량 취급 신고
○			4-1물				
			4-아				
○	○		4-아				
			4-1배수				1-392
				○		○	1-127
○							
○			4-아				
			4-1물				1-13
				○		○	
					○		1-186
○						○	
○		○	4-1배수				1-232
	○		4-2물			○	1-300
○	○	○	4-1배수			○	
				○(> 60%)		○	
						○	
○			4-특				
○	○	○	4-2배수			○	1-80
			6			○	
			4-2물				
○			4-1물				
			4-3물				
						○	
		○			○		
○	○						1-56특
			4-3물				
					○		
○				○(> 1%)		○	1-411특
○			4-1물			○	1-150
			4-2물				
			5				1-11
			4-2배수				1-398
			4-3배수				
○	○				○		1-108
○				○			
							1-343
				○			
			4-3배수				1-246
			4-3배수				1-292
			4-2배수				
			4-2배수				
							1-414
				○		○	1-374

4) 기본적으로 모든 화학물질은 보호구를 착용하고 취급, 실험 후 모든 회수하고 하수에 흘리지 않는다.

5) 10% 이하는 극물 (다만 용량 20L 이하의 용기에 담긴 것으로서 01% 이하를 함유하는 것을 제외)

[부표2] 위험물의 지정 수량

유별(성질)		품명	성상	지정 수량	위험 등급
제1류 (산화성 고체)	1	과소산염류	제1종 산화성 고체 제2종 산화성 고체 제3종 산화성 고체	50kg 300kg 1000kg	I II III
	2	과염소산염류			
	3	무기과산화물			
	4	아염소산염류			
	5	브롬산염류			
	6	질산염류			
	7	요오드산염류			
	8	과망간산염류			
	9	중크롬산염류			
	10	기타의 것으로 정령으로 정하는 것 1. 과요오드산염류 2. 과요오드산 3. 크롬, 납 또는 요오드의 산화물 4. 아질산염류 5. 차아염소산염류 6. 염소화이소시아눌산 7. 퍼옥소이황산염류 8. 퍼옥소붕산염류 9. 탄산나트륨 과산화수소 부가물			
	11	전 각 호로 내거는 것의 하나를 포함하는 것			
제2류 (가연성 고체)	1	황화인		100kg	II
	2	적린		100kg	II
	3	유황		100kg	II
	4	철분		500kg	III
	5	금속가루	제1종 가연성 고체 제2종 가연성 고체	100kg 500kg	II III
	6	마그네슘			
	7	기타의 것으로 정령으로 정하는 것			
	8	전 각 호로 내거는 것의 하나를 포함하는 것			
	9	인화성 고체		1000kg	III
제3류 (자연발화성 물질 및 금수성 물질)	1	칼륨		10kg	I
	2	나트륨		10kg	I
	3	알킬알루미늄		10kg	I
	4	알킬리튬		10kg	I
	5	황린		20kg	I
	6	알칼리 금속(칼륨 및 나트륨을 제외하다) 및 알칼리 토류금속	제1종 자연발화성 물 질 및 금수성물질 제2종 자연발화성 물 질 및 금수성물질 제3종 자연발화성 물 질 및 금수성물질	10kg 50kg 300kg	I II II
	7	유기 금속 화합물(알킬알루미늄 및 알킬리튬을 제외하다)			
	8	금속의 수소화물			
	9	금속의 인화물			
	10	칼슘 또는 알루미늄의 탄화물			
	11	기타의 것으로 정령으로 정하는 것 염소화규소화합물			
	12	전 각 호의 어느 하나를 포함하는 것			

유별(성질)		품명	성상	지정 수량	위험등급
제4류 (인화성 액체)	1	특수 인화물		50L	I
	2	제1석유류	비수용성 액체	200L	II
			수용성 액체	400L	II
	3	알코올류		400L	II
	4	제2석유류	비수용성 액체	1000L	III
			수용성 액체	2000L	III
	5	제3석유류	비수용성 액체	2000L	III
			수용성 액체	4000L	III
	6	제4석유류		6000L	III
	7	동식물 유류		10000L	III
제5류 (자기 반응성 물질)	1	유기과산화물	제1양식 자기반응성 물질	10kg	I
	2	질산에스테르류			
	3	니트로화합물			
	4	니트로소화합물			
	5	아조화합물			
	6	디아조화합물			
	7	히드라진 유도체			
	8	히드록실아민			
	9	히드록실아민염류	제2종 자기반응성 물질	100kg	II
	10	기타의 것으로 정령으로 정하는 것 1 금속 아지화물 2 질산 구아니딘 3 1-아릴옥시-2,3-에폭시프로판 4 4-메틸렌옥사이드-2-온			
	11	전 각 호의 하나를 포함하는 것			
제6류 (산화성 액체)	1	과염소산		300kg	I
	2	과산화수소			
	3	질산			
	4	기타의 것으로 정령으로 정하는 것 할로겐간화합물			
	5	전 각 호의 하나를 포함하는 것			

[부표3] 특정 화학물질

분류	명칭	작업 환경 측정 관리 농도[4]	구분	특별 관리 물질	여성 노동기 준규칙 대상 물질
제1류 물질	디클로로벤지딘 및 그 염	—		○	
	알파나프틸아민 및 그 염	—		○	
	염소화비페닐 (별명 PCB)	0.01mg/m³			○
	오르토톨리딘 및 그 염	—		○	
	디아니시딘 및 그 염	—		○	
	벨리륨 및 그 화합물	Be으로서 0.001mg/m³		○	
	벤조트리클로리드	0.05ppm		○	
제2류 물질	아크릴아미드	0.1mg/m³	특정		○
	아크릴로니트릴	2ppm	특정		
	알킬수은화합물(알킬기가 메틸기 또는 에틸기인 것에 한한다)	Hg으로서 0.01mg/m³	관리		
	인듐 화합물	—	관리	○	
	에틸벤젠	20ppm	특별 유기 용제	○	○
	에틸렌이민	0.05ppm	특정	○	○
	에틸렌옥사이드	1ppm	특정	○	○
	염화비닐	2ppm	특정	○	
	염소	0.5ppm	특정		
	오라민	—	오라민 등	○	
	오르토톨루이딘	1ppm	특정	○	
	오르토프탈로디니트릴	0.01mg/m³	관리		
	카드뮴 및 그 화합물	Cd으로서 0.05mg/m³	관리		카드뮴 화합물
	크롬산 및 그 염	Cr으로서 0.05mg/m³	관리	○	크롬산염
	클로로포름	3ppm	특별 유기 용제	○	
	클로로메틸 메틸에테르	—	특정	○	
	오산화바나듐	V으로서 0.03mg/m³	관리		○
	코발트 및 그 무기화합물	Co으로서 0.02mg/m³	관리	○	
	콜타르	벤젠 가용성 성분 으로서 0.2mg/m³	관리	○	
	산화프로필렌	2ppm	특정	○	
	삼산화이안티몬	Sb으로서 0.1mg/m³	관리	○	
	시안화칼륨	CN으로서 3mg/m³	관리		
	시안화수소	3ppm	특정		
	시안화나트륨	CN으로서 3mg/m³	관리		
	사염화탄소	5ppm	특별 유기 용제	○	
	1,4-디옥산	10ppm	특별 유기 용제	○	
	1,2-디클로로에탄(별명이산화에틸렌)	10ppm	특별 유기 용제	○	
	3,3′-디클로로-4,4′-디아미노디페닐메탄	0.005mg/m³	특정	○	
	1,2-디클로로프로판	1ppm	특별 유기 용제	○	
	디클로로 메탄(별명 이염화메틸렌)	50ppm	특별 유기 용제	○	

분류	명칭	작업 환경 측정 관리 농도[4]	구분	특별 관리 물질	여성 노동기 준규칙 대상 물질
제2류 물질	디메틸-2,2-디클로로비닐포스페이트(별명 DDVP)	0.1mg/m³	특정	○	
	1,1 디메틸히드라진	0.01ppm	특정	○	
	브롬화메틸	1ppm	특정		
	중크롬산 및 그 염	Cr로서 0.05mg/m³	관리	○	
	수은 및 그 무기 화합물(황화수은을 제외하다)	Hg로서 0.025mg/m³	관리		○
	스틸렌	20ppm	특별유기용제	○	○
	1,1,2,2-테트라클로로에탄 (별명 사염화아세틸렌)	1ppm	특별유기용제	○	
	테트라클로로에틸렌(별명 퍼클로로에틸렌)	25ppm	특별유기용제	○	○
	트리클로로에틸렌	10ppm	특별유기용제	○	○
	톨루엔디이소시아네트	0.005ppm	특정	○	
	나프탈렌	10ppm	특정	○	
	니켈화합물(니켈 카르보닐을 제외, 분말 상태의 물건에 한한다)	Ni로서 0.1mg/m³	관리	○	염화니켈 (II)
	니켈카르보닐	0.001ppm	특정	○	
	니트로글리콜	0.05ppm	관리		
	파라디메틸아미노아조벤젠	—	특정	○	
	파라-니트로클로로벤젠[3]	0.6mg/m³	특정		
	비소 및 그 화합물(알루신 및 비화갈륨을 제외)	As로서 0.003mg/m³	관리	○	비소 화합물
	불화수소[3]	0.5ppm	특정		
	베타-프로피올락톤	0.5ppm	특정	○	
	벤젠	1ppm	특정	○	
	펜타클로로페놀(별명 PCP) 및 그 나트륨염	PCP로서 0.5mg/m³	관리		○
	포름알데히드	0.1ppm	특정	○	
	마젠타	—	오라민 등	○	
	망간 및 그 화합물(알칼리성 화합물 망간을 제외)	Mn로서 0.2mg/m³	관리		망간
	메틸이소부틸케톤	20ppm	특별유기용제	○	
	요오드화메틸	2ppm	특정		
	내화성 세라믹 파이버	5μm 이상의 섬유로서 0.3개/cm³	관리	○	
	황화수소	1ppm	특정		
	황산디메틸	0.1ppm	특정		
제3류 물질	암모니아	—			
	일산화탄소	—			
	염화수소	—			
	질산	—			
	이산화황	—			
	페놀	—			
	포스겐	—			
	황산	—			

특정 화학물질은 1중량%를 초과하여 함유하는 것이 해당

1) 베릴륨 합금은 2중량%를 초과하는 것이 해당 2) 0.5중량%를 초과하는 것이 해당

3) 5중량%를 초과하여 함유한 것이 해당 4) 25℃, 1기압의 공기 중 농도

[부표4] 유기용제

	명칭	작업 환경 측정 관리농도[3]	여성 노동기준 규칙 대상 물질
제1종 유기용제	1,2-디클로로에틸렌(별명 이염화아세틸렌)	150ppm	
	이황화탄소	1ppm	○
제2종 유기용제	아세톤	500ppm	
	이소부틸알코올	50ppm	
	이소프로필알코올(2-프로판올)	200ppm	
	이소펜틸알코올(별명 이소아밀알코올)	100ppm	
	에틸에테르	400ppm	
	에틸렌글리콜모노에틸에테르(별명 셀로솔브)	5ppm	○
	에틸렌글리콜모노에틸에테르아세테이트 (별명: 셀로솔브아세테이트)	5ppm	○
	에틸렌글리콜모노노말부틸에테르 (별명: 부틸셀로솔브)	25ppm	
	에틸렌글리콜모노메틸에테르 (별명: 메틸셀로솔브)	0.1ppm	○
	오르토디클로로벤젠	25ppm	
	크실렌	50ppm	○
	크레졸 용액	5ppm	
	클로로벤젠	10ppm	
	초산이소부틸	150ppm	
	초산이소프로필	100ppm	
	초산이소펜틸(별명: 초산이소아밀)	50ppm	
	초산에틸	200ppm	
	초산노말부틸	150ppm	
	초산노말프로필	200ppm	
	초산노말펜틸(별명: 초산노말아밀)	50ppm	
	초산메틸	200ppm	
	시클로헥산올	25ppm	
	시클로헥사논	20ppm	
	N, N-디메틸포름아미드	10ppm	○
	테트라히드로푸란	50ppm	
	1,1,1-트리클로로에탄	200ppm	
	톨루엔	20ppm	○
	노말 헥산	40ppm	
	1-부탄올	25ppm	
	2-부탄올	100ppm	
	메탄올	200ppm	○
	메틸에틸케톤	200ppm	
	메틸사이클로헥산올	50ppm	
	메틸사이클로헥사논	50ppm	
	메틸노말부틸케톤	5ppm	
제3종 유기용제	가솔린	—	
	콜타르나프타(솔벤트나프타를 포함한다)	—	
	석유 에테르	—	
	석유 나프타	—	
	석유 벤젠	—	
	테레핀유	—	
	미네랄스피릿(미네랄신나, 페트로리움스피릿, 화이트스피릿 및 미네랄타펜을 포함한다)	—	

1) 제1종 유기용제만으로 구성되는 혼합물이나 제1종 유기용제를 5중량%를 초과하여 함유하는 것도 해당
2) 제2종 유기용제만으로 구성되는 혼합물이나 제1종 및 제2종 유기용제를 5중량%를 초과하여 함유하는 것도 해당
3) 25℃, 1기압의 공기 중 농도

찾아보기

저자 소개(★표는 편저자)

[제0장~제6장 담당]

유일형(柳日馨) ★

오사카부립대학 특인교수

1951년 아이치현 태생

1978년 오사카대학 대학원 공학연구과 박사
후기 과정 수료

전문 유기합성화학 공학박사

[제1장~제6장 담당]

니시야마 유타카(西山 豊) ★

간사이대학 화학생명공학부 교수

1960년 효고현 태생

1985년 오사카대학 대학원 공학연구과 박사
전기 과정 수료

전문 유기합성화학 공학박사

[제7장, 제8장 담당]

다카하시 다이스케(高橋 大輔)

일본대학 생산공학부 전임 강사

1973년 치바현 태생

1998년 일본대학 대학원 생산공학연구과
박사 전기 과정 수료

전문 고분자 용액물성, 고분자 물리화학

박사(공학)

[제3장, 제9장 담당]

츠노이 신지(角井 伸次)

오사카대학 환경안전연구관리센터 준교수

1963년 와카야마현 태생

1987년 오사카대학 대학원 공학연구과 박사
전기 과정 수료

전문 분석화학, 화경화학 박사(공학)

실험 리스크 예방 실천 지식!

화학 실험 현장의 안전 공학

2019. 9. 30. 초 판 1쇄 인쇄
2019. 10. 11. 초 판 1쇄 발행

지은이 | 유일형, 니시야마 유타카
옮긴이 | 오승호
펴낸이 | 이종춘
펴낸곳 | BM (주)도서출판 성안당
주소 | 04032 서울시 마포구 양화로 127 첨단빌딩 3층(출판기획 R&D 센터)
　　　 10881 경기도 파주시 문발로 112 출판문화정보산업단지(제작 및 물류)
전화 | 02) 3142-0036
　　　 031) 950-6300
팩스 | 031) 955-0510
등록 | 1973. 2. 1. 제406-2005-000046호
출판사 홈페이지 | **www.cyber.co.kr**
ISBN | 978-89-315-8830-9 (13430)
정가 | 25,000원

이 책을 만든 사람들
책임 | 최옥현
진행 | 김혜숙
본문 디자인 | 김인환
표지 디자인 | 박원석
홍보 | 김계향
국제부 | 이선민, 조혜란, 김혜숙
마케팅 | 구본철, 차정욱, 나진호, 이동후, 강호묵
제작 | 김유석

■ 도서 A/S 안내

성안당에서 발행하는 모든 도서는 저자와 출판사, 그리고 독자가 함께 만들어 나갑니다.
좋은 책을 펴내기 위해 많은 노력을 기울이고 있습니다. 혹시라도 내용상의 오류나 오탈자 등이 발견되면 "좋은 책은 나라의 보배"로서 우리 모두가 함께 만들어 간다는 마음으로 연락주시기 바랍니다. 수정 보완하여 더 나은 책이 되도록 최선을 다하겠습니다.
성안당은 늘 독자 여러분들의 소중한 의견을 기다리고 있습니다. 좋은 의견을 보내주시는 분께는 성안당 쇼핑몰의 포인트(3,000포인트)를 적립해 드립니다.

잘못 만들어진 책이나 부록 등이 파손된 경우에는 교환해 드립니다.